Dr. K. Sujatha

Estudo da fitorremediação de metais pesados

Dr. K. Sujatha

Estudo da fitorremediação de metais pesados

ScienciaScripts

This book is a translation from the original published under ISBN 978-620-2-31628-6.

Publisher:
Sciencia Scripts
is a trademark of
Dodo Books Indian Ocean Ltd. and OmniScriptum S.R.L publishing group

120 High Road, East Finchley, London, N2 9ED, United Kingdom
Str. Armeneasca 28/1, office 1, Chisinau MD-2012, Republic of Moldova, Europe
Printed at: see last page
ISBN: 978-620-7-95567-1

AGRADECIMENTOS

Esta tese foi mantida no bom caminho e foi levada até ao fim com o apoio, o encorajamento e o apoio dos meus amigos, colegas e várias instituições e é uma tarefa agradável expressar os meus agradecimentos a todos aqueles que contribuíram para o sucesso do estudo e fizeram dele uma experiência inesquecível para mim.

Neste momento de realização, antes de mais, agradeço profundamente ao **Dr. Santosh Kumar Mehar,** um mentor verdadeiramente dedicado e com muitas ideias inovadoras. Estou particularmente grato pela sua fé constante no meu trabalho de laboratório e pelo seu apoio. Desde então, tem-me apoiado não só através de uma bolsa de assistente de investigação, mas também a nível académico e emocional. Ensinou-me a tolerar as dificuldades e a concentrar-me no objetivo, a fim de obter êxito. Tem sido motivador, encorajador e esclarecedor. Foi ele que manteve a paciência para ouvir as minhas ideias e me orientou para atingir o objetivo. Recordarei sempre a total liberdade que me deu para realizar o meu trabalho de investigação.

A minha profunda gratidão e agradecimento à **Prof.ª N. Savithramma,** Diretora do Departamento de Botânica, que assumiu a responsabilidade de supervisora responsável. Gostaria de lhe agradecer a sua compreensão, o seu encorajamento e a sua atenção pessoal, que me ajudaram a concluir com êxito o meu trabalho de tese.

G. Sudarsanam, Presidente, B.O.S., Botânica, Universidade S.V., Tirupati, pelo seu incentivo e apoio.

Estou sinceramente grato ao pessoal docente do Departamento, **Prof. N. Yasodamma, Dr. JSR Murthy, Dr. T. Vijaya, Dr. M. Madhava Chetty, Dr. K. Nagalakshmi Devamma** e **Dr. J. Kamakshamma** pelo seu apoio e encorajamento académico.

Aproveito esta oportunidade para agradecer sinceramente ao Departamento de Botânica e à Universidade Sri Venkateswara por disponibilizarem as infra-estruturas e os recursos necessários para a realização do meu trabalho de investigação.

Os meus sinceros agradecimentos aos meus colegas de laboratório, de investigação e amigos **Gowsia Shaik, O. Murali, C. Subba Rao, S. Saritha, R. Hari Babu, P. Yugandhar** e **G. Bhumi.**

Os meus agradecimentos especiais à diretora da minha faculdade, **P. Gnana Kumari,** ao SPW P.G. e à faculdade de licenciatura, aos professores superiores **V.V. Ramani, B. Padmavathi Devi,** aos amigos **Y. Sunetha, K. Sai Kumari** e aos colegas.

Agradeço aos membros do pessoal do Departamento de Botânica, **B. Lakshmi, T. Meena Kumari, B. Surekha** e **B. Jyothi.** Os meus sinceros agradecimentos a **B. Pushpa Latha** por me ter apoiado.

As palavras não são suficientes para exprimir os meus sentimentos profundos para com o meu querido pai **K. ASEERVADAM,** a minha mãe **K. RAHELU,** o meu filho **S. SUJITH CHRISTOFER,** a minha irmã **K. SUSHUMA PRIYA,** o meu irmão **K. SURENDRA BABU,** o meu tio **D. DAVID** e a minha tia **D. SWARNA LATHA** pelo amor, carinho e orações que me deram para chegar a esta posição. Expresso-lhes a minha gratidão dedicando-lhes este trabalho como sinal do meu respeito e elevada estima.

Estendo os meus profundos agradecimentos a todo o restante pessoal não docente de Botânica pela sua amável ajuda nos momentos de necessidade. O meu agradecimento especial ao **Basha** pelo seu apoio atempado.

ÍNDICE

ABREVAÇÕES

Ca	-	Calcium
Mg	-	Magnesium
Mn	-	Manganese
K	-	Potassium
Na	-	sodium
Cd	-	Cadmium
Cu	-	Copper
Hg	-	Mercury
Ag	-	Silver
Zn	-	Zinc
Pb	-	Lead
Fe	-	Iron
Cr	-	Chromium
Co	-	Cobalt
Ni	-	Nickel
As	-	Arsenic
V	-	Vanadium
Sn	-	Tin
Cl	-	Chlorine
EF	-	Enrichment Factor
U	-	Uranium
CS	-	Cesium
Sr	-	Stroncium
Se	-	Selenium
P	-	Phosphorus
Al	-	Aluminium
PS I	-	Photosystem – I
PS II	-	Photosystem – II
DNA	-	Deoxy Ribo Nucleic Acid
ATP	-	Adenosine Tri phosphate
SOD	-	Superoxide dismutase
POD	-	Peroxide dismutase
CAT	-	Catalase
RNA	-	Ribo Nucleic Acid
DOC	-	Dissolved Organic Carbon
NH_4^+	-	Ammonium
N_2	-	Nitrogen
N_2O	-	Nitrous Oxide
NR	-	Nitrate reductase
EDTA	-	Ethylene diamine tetracetic acid

HM	-	Heavy Metal
Cs	-	Cesium
PcBs	-	Polychlorinated biphenyls
PAHs	-	Polycylic aromatic hydrocorbons
BCF	-	Bio Concentration factor
TF	-	Transfer factor
HsPs	-	Heat shock proteins
MTs	-	Metallothionines
Pcs	-	Phytochelatins
RNS	-	Reactive nitrogen species
CDF	-	Cation diffusion facilitator
PCS	-	Phytochelation synthase
CAD1	-	Constitutively activated cell death1
ROS	-	Reactive Oxygen Species
Mm	-	milli meter
W	-	Watt
g	-	grams
0_C	-	Degrees Celsius
mg	-	milligram
ml	-	millilitre
mm	-	nanometers
%	-	percent
H	-	hour
Var	-	variety
W	-	week
Cm	-	Centimeters
ppm	-	parts per million
Kcl	-	Potassium chloride
Ec	-	Electrical conductivity
Dsm^{-1}	-	Deci scimens per metre
KMo_4	-	Potassium permanganate
H_2SO_4	-	Sulphuric acid
$K_2Cr_2O_7$	-	Potassium dichromate
NH_4SO_4	-	Annonium sulphate
ANOVA	-	Analysis of variance
$Al(OH)_{3+}$	-	Aluminium hydroxide
ICP-OES	-	Inductively Coupled Plasma Optical Emission Spectrometry

CAPÍTULO 1

1. Metais pesados nos ecossistemas terrestres e aquáticos

Os ecotoxicologistas e os cientistas ambientais utilizam o termo "metais pesados" para se referirem aos metais que causam problemas ambientais. Os metais são separados em essenciais e não essenciais nas classes A e B, e numa classe limite (Nieboer e Richardson, 1980).

- A; Cálcio (Ca), Magnésio (Mg), Manganês (Mn), Potássio (K), Sódio (Na), Estrôncio (Sr)
- B; Cádmio (Cd), Cobre (Cu), Mercúrio (Hg), Prata (Ag) e Alumínio (Al)
- Limítrofe;   Zinco (Zn), Chumbo (Pb),   Ferro (Fe), Crómio   (Cr), Cobalto   (Co)
  Níquel (Ni), Arsénio (As), Vanádio (V), Estanho (Sn).

1.1.1. Metais pesados no ecossistema aquático

A composição química da água do mar e da água doce influencia em grande medida a especiação dos metais pesados. Na água dos rios (que é maioritariamente turva), uma grande proporção de metais está ligada a partículas orgânicas e inorgânicas. Outros factores que influenciam a especiação são: pH, dureza e matéria orgânica dissolvida (Salomon's e Forstner, 1984). Grandes quantidades de complexos orgânicos dissolvidos e de partículas com metais pesados são transportadas a grandes distâncias e acabam nos sedimentos dos estuários. Alguns metais, como o Cd, podem ser libertados dos seus complexos orgânicos através do aumento das concentrações de Cl (cloro), que formam complexos de cloreto (Elbay-Poulichet *et al.*, 1987). Os metais no ambiente aquático são bioacumulados pelos organismos, quer passivamente a partir da água, quer por absorção facilitada. Os metais essenciais são mantidos através da ligação a moléculas orgânicas numa variedade de locais bioquímicos onde funcionam principalmente como catalisadores para induzir ou aumentar a atividade enzimática (Regan, 1993). Os metais essenciais em concentrações elevadas podem ter efeitos tóxicos sub-letais para alguns organismos ou consequências letais para outros. Além disso, os metais em concentrações deficientes podem ter novamente efeitos adversos para a saúde. Assim, os metais essenciais podem ter um duplo limiar "tóxico" (Rainbow, 2007). Os metais podem ser sequestrados através do armazenamento por proteínas de ligação a metais, como as metalotioneínas, em vesículas e grânulos celulares. Alguns mecanismos de armazenamento podem estar relacionados, em alguns organismos, com o fornecimento de metais essenciais para necessidades futuras (Malins e Ostrander, 1993).

As plantas aquáticas crescem frequentemente mais vigorosamente onde a carga de nutrientes é elevada. Elas são capazes de remover substâncias solúveis em água da solução e imobilizá-las temporariamente dentro do sistema (HO, 1988; Untawale *et al.*, 1980).

1.1.2. Metais pesados no ecossistema terrestre

Nas últimas décadas, foram publicados numerosos relatórios sobre a poluição por metais nos ecossistemas marinhos, de água doce e terrestres. Os relatórios sobre a poluição por metais e os seus efeitos nos ecossistemas marinhos foram publicados pelo Programa das Nações Unidas para o Ambiente (PNUA), pelo GESAMP (Grupo de Peritos sobre os Aspectos Científicos da Poluição do Ambiente Marinho, órgão consultivo, criado em 1969, patrocinado pela ONU, FAO, UNESCO-IOC, OMM, AIEA, ONUDI) e por especialistas ambientais (PNUA, 1983; GESAMP, 1990). O ambiente terrestre é também um departamento ambiental para o qual são libertados metais pesados. O teor de metais dos solos pode ser fortemente influenciado pelas suas origens. Os solos derivados de xistos são frequentemente ricos em Cd, enquanto os solos derivados de rochas serpentinas contêm concentrações elevadas de Co, Ni e Cr (Hopkin, 1989). A poluição ambiental por metais pesados no ambiente terrestre inclui a extração mineira, a fundição de minérios, a combustão de combustíveis fósseis e certos pesticidas que contêm As e Cu (Hopkin, 2002).

Para evitar danos ecológicos, é importante compreender o comportamento e os efeitos dos contaminantes no ambiente, o que constitui um objetivo central da ecotoxicologia (Forbes e Kure 1997). Para evitar danos, é necessário ter a capacidade de os prever quantitativamente. Na ausência de uma definição objetiva da qualidade ecológica terrestre (Clarinete, 2001), a avaliação dos efeitos ecológicos e dos danos é difícil de estabelecer. Há uma escassez de informações publicadas sobre estudos de casos relativos a ecossistemas terrestres que permitam avaliar o significado ecológico de concentrações "seguras" (Posthuma, 1997) e as relações causais entre a qualidade do solo e as suas funções ecossistémicas ainda têm de ser demonstradas (Herrick, 2000). Os métodos contemporâneos de avaliação dos riscos não sugerem nem identificam consequências para um determinado ecossistema se a exposição exceder os limiares de contaminantes "seguros" definidos, para além do facto de serem observadas respostas da população no terreno (Posthuma, 1997).

1.2 Consequências do efeito do aumento da concentração de metais pesados nas plantas e nos animais

Os metais pesados, como o alumínio, o Cd e o Pb, são elementos não essenciais para as plantas. Se forem acumulados em grandes quantidades nas plantas, os metais pesados afectarão negativamente a absorção e o transporte de elementos essenciais, perturbarão o metabolismo e terão um impacto no crescimento e na reprodução (Xu e Shi, 2000). Os efeitos dos metais pesados nas plantas são diferentes nas diferentes fases de crescimento das plantas. Na fase inicial, o Cd inibe a fotossíntese e o crescimento do arroz, inibindo depois os órgãos reprodutores (Wang, 1996). Os metais pesados afectam a divisão celular das plantas, e os efeitos são diferentes e dependem da concentração.

Os organismos aquáticos variam na sua fisiologia de modo a manter as concentrações internas de metais. Isto é conseguido através da redução da absorção e do aumento da excreção. Os mexilhões, por exemplo, podem regular os níveis internos de metais mais eficazmente do que as ostras, embora ambas as espécies tenham preferências alimentares semelhantes (Reidel, 1995). Os crustáceos decápodes encontram-se entre os mais fortes reguladores tecidulares de Cu, Mn e Ag (Bryan, 1968). Certas espécies, incluindo peixes, vermes poliquetas e moluscos bivalves, também são capazes de regular as concentrações de metais essenciais nos seus tecidos (Bryan, 1991; Lewis, 1982). Estudos recentes descobriram que os metais podem atuar como agentes cancerígenos através de mecanismos oxidativos, gerando radicais livres e espécies reactivas de oxigénio (ROS), que atacam e danificam o ADN e proteínas enzimáticas importantes. A toxicologia e a carcinogenicidade de muitos metais pesados é outra preocupação ambiental importante da comunidade científica (Chang *et al.*, 1996; Bal e Kasprzak, 2002).

1.3. Espécies marinhas em ensaios de toxicidade de metais pesados

Nas últimas décadas, após ensaios exaustivos e repetibilidade, foram lançados três novos protótipos de ensaios sob a forma de Toxkits. Os bioensaios marinhos agudos com a artémia *Artemia salina* e os rotíferos *Brachionus calyciflorus* e *Brachionus plicatilis* (Maltby, Callow, 1989; Van Steertegem e Persoone, 1993).

1.4 Importância ecológica da poluição por metais pesados

O principal objetivo dos estudos toxicológicos e ecotoxicológicos é garantir que a poluição por metais pesados proveniente da poluição antropogénica não provoque efeitos adversos nos organismos vivos. Em última análise, estes estudos devem concentrar-se na medição dos níveis de poluição que podem induzir alterações ecológicas irreversíveis nos ecossistemas aquáticos. A biomonitorização de metais pesados e os estudos de efeitos em populações naturais de organismos devem ter em conta a tolerância da comunidade induzida pela poluição, que é esperada de comunidades que são expostas a poluentes específicos durante um longo período (várias gerações) (Blanck *et al.*, 1988; Chapman *et al.*, 1998).

A acumulação de metais pesados na cadeia alimentar representa um risco para a saúde dos animais e dos seres humanos, que são menos sensíveis à toxicidade dos metais do que as plantas, mas podem concentrar metais pesados em determinados tecidos e órgãos (Mantovi *et al.*, 2003). A citotoxicidade dos metais pesados nas plantas está bem documentada (Delhaize e Ryan, 1995; Marienfeld *et al.*, 2000). O cádmio (Cd) é um metal pesado tóxico, que causa fitotoxicidade, e a sua absorção e acumulação nas plantas representam uma ameaça potencial para a saúde humana (Shah e Dubey, 1997). A sua acumulação provoca reduções na fotossíntese, diminui a absorção de água e nutrientes (Sanita di Toppi e Gabbrielli, 1999) e resulta em sintomas visíveis

8

de lesões nas plantas, tais como clorose, inibição do crescimento, escurecimento das pontas das raízes e, finalmente, morte (Kahle, 1993).

1.5. Teor de metais pesados no ecossistema terrestre e aquático o teor e o aumento acima dos limiares

O alumínio ocorre de forma omnipresente nas águas naturais como resultado da meteorização de rochas e minerais que contêm alumínio. Das respostas geoquímicas conhecidas à acidificação ambiental, a mais bem documentada é a mobilização de alumínio de ambientes terrestres para ambientes aquáticos (Campbell *et al.*, 1992). Esta mobilização de alumínio tem frequentemente um carácter episódico e está associada a depressões de pH (acidificação) que ocorrem durante o degelo da primavera (em regiões temperadas) ou associadas à erosão provocada por tempestades específicas (Rosseland *et al.*, 1990).

Os metais pesados podem criar efeitos adversos no ambiente e na saúde humana devido à sua toxicidade e à sua bioacumulação em vários compartimentos ambientais. Foram efectuados vários estudos para avaliar o comportamento destes poluentes no ambiente (por exemplo, revisão por Pacyna *et al.* 1993).

1.5.1 Ecossistema terrestre

Os níveis de fundo de metais pesados no solo variam regionalmente e são principalmente afectados pela geologia das rochas locais. A contribuição antropogénica para a contaminação por metais pesados através da precipitação atmosférica a longa distância (da precipitação e da deposição seca) excede a componente natural (da desgaseificação da crosta terrestre) (Pacyna, 1994). Nas décadas de 1950 e 1960, a utilização de metais pesados em produtos químicos agrícolas (nomeadamente a utilização de fungicidas à base de alquilmercúrio para o tratamento de sementes) resultou na intoxicação da cadeia alimentar terrestre. As fontes industriais de contaminação, os chamados "pontos quentes", são geralmente localizadas; as taxas de deposição são acentuadamente elevadas na proximidade da fonte e diminuem rapidamente com a distância. A maioria dos metais pesados depositados nos sistemas solo-água é rapidamente ligada a partículas orgânicas. A disponibilidade destes metais para os microrganismos terrestres depende em grande medida do estado de oxidação, do teor orgânico do solo e do pH. No Ártico, a acidificação do solo devido à chuva ácida é um fator importante que contribui para a bioacumulação de metais pesados, uma vez que a maioria dos metais se acumula mais facilmente como catiões divalentes e a acidificação aumenta geralmente a concentração de catiões divalentes em solução. O mercúrio comporta-se de forma oposta; a diminuição do pH aumenta a absorção de Hg pela matéria orgânica (Bergkvist 1986; Lodenius 1990). A pH 4,8, Bergholm *et al.* (1985) encontraram a seguinte sequência de força de ligação com base na solubilidade dos metais: Fe > Al > Cu > Pb > Zn > Mn = Cd.

O aumento da concentração de um dado metal, medido num determinado material de referência, como rochas crustais ou solos, em relação a um determinado metal de referência, como o Al e o Ti, pode ser definido como o fator de enriquecimento desse metal (EF). Na maioria das vezes, os metais são enriquecidos à escala local, mas alguns são enriquecidos à escala regional e global. A escala regional é frequentemente definida como continental (1000-2000 km), enquanto a escala global é geralmente considerada intercontinental, por exemplo, no Hemisfério Norte. Os episódios de transporte a longa distância de poluentes nas massas de ar resultam no enriquecimento das concentrações de metais longe das regiões de origem; o Ártico é um recetor desse transporte (Pacyna e Winchester 1990).

As zonas húmidas podem ser seriamente desestabilizadas pela deposição e acumulação de metais pesados nos sedimentos. Os metais podem bioacumular-se nos organismos vivos e ser transferidos para a cadeia alimentar. Os predadores de organismos contaminados podem ser intoxicados de forma crónica ou aguda (Crommentuijn *et al.*, 1995), o que pode levar a alterações drásticas na composição das espécies e na biodiversidade das zonas contaminadas. Com base no conhecimento sobre a transferência de metais do solo através da cadeia alimentar, podem ser definidos novos limites de tolerância mais relevantes para os ecossistemas contaminados e podem ser identificados elos vulneráveis e tolerantes da cadeia alimentar (Butovsky e Van Straalen, 1995). As concentrações totais de metais no solo indicam o grau de poluição, mas não fornecem informações sobre a biodisponibilidade e a toxicidade relativamente a componentes bióticos específicos. Estes são determinados, entre outros factores, pela forma físico-química específica dos metais. Frequentemente, são aplicados procedimentos de extração sequencial para diferenciar os conjuntos de metais reactivos, numa tentativa de explicar a biodisponibilidade e a absorção de metais pelos organismos que vivem nos solos ou sedimentos afectados (Ma e Rao, 1997). Muitos rios flamengos e os seus sedimentos estão mais ou menos contaminados com metais pesados. Os teores totais de metais e os padrões de fracionamento nos sedimentos destes ecossistemas podem ser determinados e relacionados com a transferência de metais na aranha-lobo. A aranha-lobo é um predador que habita frequentemente o solo em salinas e, por sua vez, é uma fonte de alimento para muitos vertebrados, como aves, mamíferos e anfíbios. Como bioacumuladores, podem desempenhar um papel importante na transferência de metais pesados para a cadeia alimentar.

1.5.2 Ecossistemas aquáticos

Uma compreensão completa da especiação química é essencial para se obter uma compreensão abrangente do estado químico dos ecossistemas aquáticos. Esta compreensão é, por sua vez, essencial para avaliar o risco para a saúde dos ecossistemas e dos indivíduos que os habitam, em resultado da exposição a metais, e para poder prever o modo como as alterações dos parâmetros ambientais influenciarão a biodisponibilidade, a bioacumulação e os efeitos tóxicos dos metais.

São necessários estudos sobre os efeitos totais no ecossistema, envolvendo não só as macrófitas mas também o sedimento e outros biota, para se obter uma imagem completa do efeito dos metais pesados no ecossistema aquático. As diferenças significativas obtidas para a concentração de metais pesados entre espécies de macrófitas sugerem que a interação e o comportamento dos metais pesados com as macrófitas são diferentes para cada espécie (Prasad e Frietas, 2003).

1.6 Estratégias de descontaminação dos sítios poluídos

Devido à sua natureza imutável, os metais são um grupo de poluentes que suscita grande preocupação. Em resultado de actividades humanas como a extração e a fundição de minérios metálicos, a galvanoplastia, a exaustão de gases, a produção de energia e de combustíveis, a aplicação de fertilizantes e pesticidas, etc., a poluição por metais tornou-se um dos problemas ambientais mais graves da atualidade. A fitorremediação, uma tecnologia emergente rentável, não intrusiva e esteticamente agradável, que utiliza a notável capacidade das plantas para concentrar elementos e compostos do ambiente e metabolizar várias moléculas nos seus tecidos, parece muito promissora para a remoção de poluentes do ambiente. Neste domínio da fitorremediação, a utilização de plantas para transportar e concentrar metais do solo para as partes colhíveis das raízes e dos rebentos acima do solo, ou seja, a fito-extração, pode estar, atualmente, a aproximar-se da comercialização. A melhoria da capacidade das plantas para tolerar e acumular metais através da engenharia genética deverá abrir novas possibilidades para a fitoremediação. A falta de compreensão dos mecanismos de absorção e translocação de metais, das alterações de melhoramento e dos efeitos externos da fitoremediação está a dificultar a sua aplicação em grande escala. Devido ao seu grande potencial como alternativa viável aos métodos tradicionais de remediação de solos contaminados, a fitoremediação é atualmente uma área excitante de investigação ativa (Alkorta *et al.*, 2004).

1.7. Importância da fitorremediação como estratégia viável para a recuperação de sítios poluídos

A fitorremediação, também referida como biorremediação botânica (Chaney *et al.*, 1997), envolve a utilização de plantas verdes para descontaminar os solos, a água e o ar. Trata-se de uma tecnologia emergente que pode ser aplicada tanto a poluentes orgânicos como inorgânicos presentes no solo, na água ou no ar (Salt *et al.*, 1998). No entanto, a capacidade de acumular metais pesados varia significativamente entre espécies e entre cultivares dentro das espécies, uma vez que em cada espécie funcionam diferentes mecanismos de absorção de iões, com base nas suas caraterísticas genéticas, morfológicas, fisiológicas e anatómicas. Existem diferentes categorias de fitorremediação, incluindo a fitoextracção, a fitofiltração, a fitoestabilização, a fitovolatização e a fitodegradação, dependendo dos mecanismos de remediação. A fitoextracção envolve a utilização de plantas para remover contaminantes do solo. O ião metálico acumulado nas partes aéreas pode ser posteriormente removido para eliminação ou queimado para recuperar os metais. A fitofiltração envolve as raízes ou as plântulas das plantas para a remoção de metais de resíduos aquosos. Na fitoestabilização, as raízes das plantas absorvem os poluentes do solo e mantêm-nos na rizosfera, tornando-os inofensivos ao impedir a sua lixiviação. A fitovolatização envolve a utilização de plantas para volatilizar os poluentes da sua folhagem, como o Se e o Hg.

Fitodegradação significa a utilização de plantas e microrganismos associados para degradar poluentes orgânicos (Garbisu e Alkorta, 2001). Algumas plantas podem ter uma função, enquanto outras podem envolver duas ou mais funções de fitoremediação.

1.7.1. fitorremediação de águas poluídas

A rizofiltração é a remoção de poluentes das águas contaminadas através da acumulação na biomassa vegetal. Várias espécies aquáticas foram identificadas e testadas para a fitorremediação de metais pesados da água poluída. Estas espécies incluem a doca afiada (*Polygonum amphibium*), a erva daninha dos patos (*Lemna minor*), o jacinto de água (*Eichhornia crassipes*), a alface de água (*P. stratiotes*), a erva de água (*Oenathe javanica*), o cálamo (*Lepironia articulate*), a erva-dos-pobres (*Hydrocotyle umbellate*), (Prasad e Freitas, 2003). Verificou-se que as raízes da mostarda indiana são eficazes na remoção de Cd, Cr, Cu, Ni, Pb e Zn, e o girassol pode remover Pb, U, Cs-137 e Sr-90 de soluções hidropónicas (Zaranyika e Ndapwadza, 1995; Wang *et al.*, 2002; Prasad e Freitas, 2003).

1.7.2. Fitorremediação de solos contaminados com metais pesados

As primeiras investigações indicam que a fitoremediação é uma solução promissora para a limpeza de uma grande variedade de sítios contaminados, embora tenha as suas restrições. Muitas das limitações e vantagens da fitorremediação são um resultado direto do aspeto biológico deste tipo de sistema de tratamento (Singh *et al.*, 2003). O facto de a fitoremediação ser realizada in situ contribui para a sua relação custo-eficácia e pode reduzir a exposição do substrato poluído aos seres humanos, à vida selvagem e ao ambiente (Pilon-Smits, 2005). As plantas dispõem de uma série de mecanismos potenciais a nível celular que podem estar envolvidos na desintoxicação e na tolerância ao stress causado pelos metais pesados. Todos eles parecem estar envolvidos principalmente na prevenção da acumulação de concentrações tóxicas em sítios sensíveis dentro da célula, prevenindo assim os efeitos nocivos (Hall, 2002).

São possíveis várias estratégias de fitorremediação para a recuperação de solos contaminados com metais pesados (Salt *et al.*, 1998). Diferentes fitotecnologias utilizam diferentes propriedades das plantas (Pilon-Smits, 2005). As principais linhas de tratamento são descritas de seguida;

Fitovolatilização; os contaminantes absorvidos pelas raízes passam através das plantas para as folhas e são volatizados através dos estomas, onde ocorrem as trocas gasosas (Vroblesky *et al.*, 1999).

Fitoestabilização; as plantas são utilizadas para reduzir a mobilidade e a biodisponibilidade dos poluentes ambientais (Vangronsveld *et al.*, 1995). *Fitoextracção*; as raízes das plantas absorvem os contaminantes e os armazenam   nos caules   e   nas
folhas   (regiões de colheita)
(Kumar *et al.*, 1995).

1.8. Fitovolatilização de metais pesados

A conversão química de elementos tóxicos em compostos menos tóxicos e voláteis é uma estratégia possível para a desintoxicação de contaminantes de iões metálicos, resultando na remoção de elementos voláteis nocivos específicos (por exemplo, Hg, Se e Alumínio) do solo e da folhagem das plantas para a atmosfera (Raskin *et al.*, 1997).

1.9. Fitoextracção de metais pesados

O termo "fitoextracção" refere-se principalmente à remoção de metais pesados do solo através da absorção pelas plantas. Esta tecnologia baseia-se na capacidade das raízes das plantas de absorverem, translocarem e concentrarem metais tóxicos do solo para os tecidos vegetais capazes de colheita acima do solo. O processo de concentração resulta numa redução da massa contaminada e também na transferência do metal de uma matriz à base de aluminossilicato (solo) para uma matriz à base de carbono (plantas). O carbono no material vegetal pode ser oxidado a dióxido de carbono, diminuindo ainda mais (e concentrando) a massa de material a ser tratado, eliminado ou reciclado (Blaylock e Huang, 2000).

1.10. Fitoestabilização de metais pesados

Um meio alternativo de diminuir o risco ambiental colocado por estes solos contaminados com metais pode ser a utilização de plantas para estabilizar a superfície, reduzindo assim a erosão e a lixiviação para as camadas mais profundas do solo. Esta opção é designada por fitoestabilização e considera a utilização de espécies vegetais tolerantes aos metais para imobilizar os metais pesados no subsolo, diminuindo a mobilidade dos metais e reduzindo a probabilidade de estes entrarem na cadeia alimentar (Wong, 2003).

1.11. Factores que afectam a fitorremediação

O êxito da fitorremediação como tecnologia de limpeza ambiental depende de vários factores, incluindo a biodisponibilidade dos metais no solo, a capacidade das plantas para absorver, translocar e acumular metais nos rebentos e as interações planta-micróbio. Infelizmente, os mecanismos biológicos subjacentes aos processos de descontaminação das plantas são mal compreendidos e ainda há muito por saber.

1.12. Futuro

Desde a última década, a fitorremediação ganhou aceitação como tecnologia e foi reconhecida como uma importante área de investigação destinada a compreender melhor os papéis interactivos entre as raízes das plantas e os micróbios, o que ajudará os cientistas a utilizar a sua capacidade de integração para a descontaminação do solo. Além disso, a avaliação genética dos hiperacumuladores que crescem em solos contaminados por metais e dos micróbios associados forneceria aos investigadores um conjunto de genes a utilizar na manipulação genética de outros não acumuladores e na produção de transgénicos. À medida que forem surgindo mais resultados que demonstrem a eficácia da fitoremediação, a sua utilização poderá continuar a aumentar, reduzindo os custos de limpeza e permitindo a limpeza de mais sítios com os limitados fundos disponíveis (Rock, 2003). Atualmente, está em curso uma grande quantidade de investigação neste sentido e o seu impacto far-se-á sentir em breve no mercado da fitoremediação.

A possibilidade de utilizar plantas superiores como monitores da poluição por metais depende da compreensão dos processos metabólicos que permitem às plantas adquirir os nutrientes necessários e tolerar níveis crescentes de elementos tóxicos. Os estudos de melhoramento vegetal permitiram compreender que muitos aspectos da nutrição mineral estão sujeitos a regulação genética e, por conseguinte, são regidos pela seleção. Foi demonstrado que o controlo genético governa a absorção inicial de iões (Foy e Barber, S. A, 1958; Wutscher *et al.*, 1970), a oxidação-redução de Fe (Brown, 1967), a compartimentação de iões na raiz (Munns *et al.*, 1964), a transferência da raiz para o xilema (Pinkas *et al.*, 1966) e a utilização metabólica (Shea *et al.*, 1968). Do mesmo modo, a tolerância das plantas a níveis elevados de elementos nutritivos e não nutritivos parece ser controlada geneticamente (Epstein, 1964; Vose, 1962). A tolerância das plantas a metais individuais, embora constitua a base funcional para o comportamento das plantas "indicadoras" ou "acumuladoras", é frequentemente mal interpretada. No caso das espécies acumuladoras, a sua adaptação a áreas geográficas que contêm elevadas concentrações de metais endógenos envolveu uma evolução genotípica e uma seleção ao longo de um período de tempo induzida pelo habitat específico. Foi demonstrado que os mecanismos de exclusão incluem a baixa capacidade de troca catiónica da raiz, que limita a absorção de Al e Mn (Vose e Randall, 1962), a sorção de Zn nas paredes celulares (Turner e Gregory, 1967) e a precipitação de Al por iões hidroxilo na superfície da raiz (Clarkson, 1967; Foy *et al.*, 1965). Os principais mecanismos parecem ser a compartimentação, a complexação e a adaptação metabólica. A compartimentação forneceria um meio de limitar a presença de metais tóxicos em locais celulares onde a toxicidade é iniciada. Por exemplo, os efeitos do Al são mais pronunciados nos processos de divisão e respiração celular; e a compartimentação ou exclusão destes locais metabólicos constitui um mecanismo de proteção eficaz (Clarkson, 1965). Uma adaptação da planta que pode desempenhar um papel na tolerância é a alteração das sequências metabólicas para permitir que um organismo funcione de uma forma aparentemente normal na presença de grandes quantidades de metais pesados (Turner, 1969).

A acumulação de metais pesados na cadeia alimentar representa um risco para a saúde dos animais e dos seres humanos, que são menos sensíveis à toxicidade dos metais do que as plantas, mas podem concentrar metais pesados em determinados tecidos e órgãos (Mantovi *et al.*, 2003). A citotoxicidade dos metais pesados   nas plantas   está bem   documentada

(Delhaize   e Ryan   ,   1995)   ;

Marienfeld *et al.*, 2000). A toxicidade do alumínio (Al) é um problema agrícola importante em solos ácidos e tem sido intensamente estudada em plantas. As plantas cultivadas em solos ácidos devido à solubilidade do Al a um pH baixo têm um sistema radicular pouco desenvolvido e apresentam uma variedade de sintomas de carência de nutrientes, com a consequente diminuição do rendimento. O Al interfere com a absorção, o transporte e a utilização de nutrientes essenciais, incluindo Ca, Mg, K, P, Cu, Fe, Mn e Zn (Foy, 1984; Guo *et al.*, 2003). A acidificação do solo pode provocar muitas outras alterações das propriedades físicas e químicas do solo, que, por sua vez, afectam o crescimento e o desenvolvimento das plantas (Chen *et al.*, 2000).

De um modo geral, o alumínio não é bioacumulado de forma significativa. No entanto, certas plantas podem acumular concentrações elevadas de alumínio. Por exemplo, as folhas de chá podem conter concentrações muito elevadas de alumínio, >5.000 mg/kg em folhas velhas (Dong *et al.* 1999). Outras plantas que podem conter níveis elevados de alumínio incluem *Lycopodium* (Lycopodiaceae), alguns fetos, *Symplocos* (Symplocaceae) e *Orites* (Proteaceae) (Jansen *et al.*, 2002). O alumínio não parece acumular-se de forma significativa no leite de vaca ou nos tecidos da carne de bovino e, por conseguinte, não se espera que sofra biomagnificação nas cadeias alimentares terrestres (DOE, 1984). Da mesma forma, devido à sua toxicidade para muitos organismos aquáticos, incluindo peixes, o alumínio não se bioconcentra em organismos aquáticos em qualquer grau significativo (Rosseland *et al.*, 1990).

As plantas dispõem de mecanismos de desintoxicação do Al, embora micronutrientes como o Zn, o Mn, o Ni e o Cu sejam essenciais para o crescimento e o desenvolvimento das plantas, mas concentrações intracelulares elevadas destes iões podem ser tóxicas. Para lidar com este potencial stress, as plantas comuns não acumuladoras desenvolveram vários mecanismos para controlar a homeostase dos iões intracelulares. Estes mecanismos incluem a regulação do influxo de iões   (estimulação da atividade dos transportadores   em   caso de baixas concentrações intracelulares   e

inibição a concentrações elevadas) e extrusão de iões intracelulares de volta para a solução externa. As espécies hiperacumuladoras de metais, capazes de absorver metais na ordem dos milhares de ppm, possuem mecanismos adicionais de desintoxicação. Por exemplo, a investigação demonstrou que em *Thlaspi goesingense*, um hiperacumulador de Ni, a elevada tolerância se devia à complexação do Ni pela histidina, que tornava o metal inativo (Kramer *et al.*, 1997; Kramer *et al.*, 1996).

O interesse pela fitorremediação aumentou significativamente após a identificação de espécies vegetais hiperacumuladoras de metais. Os hiperacumuladores são convencionalmente definidos como espécies capazes de acumular metais a níveis 100 vezes superiores aos tipicamente medidos em plantas comuns não acumuladoras. Assim, um hiperacumulador concentrará mais de 10 ppm.

Possivelmente, o hiperacumulador de metais mais conhecido é o *Thlaspi caerulescens* (pennycress alpino). Enquanto a maioria das plantas apresenta sintomas de toxicidade com uma acumulação de Zn de cerca de 100 ppm, *a T. caerulescens* demonstrou acumular até 26.000 ppm sem apresentar qualquer lesão (Brown *et al.*, 1995). Possivelmente, as plantas hiperacumuladoras podem ter uma maior necessidade de metais como o Zn do que as espécies não acumuladoras (Hajar, 1997).

As técnicas de Biorremediação/Fitorremediação incluem a aplicação de plantas adequadas para a redução de riscos in-situ através da remoção, desintoxicação ou contenção de contaminantes em solos, sedimentos e águas subterrâneas contaminados. Esta estratégia/abordagem pode ser utilizada juntamente com ou, nalguns casos, em vez de métodos de limpeza mecânicos. A limpeza pode ser efectuada até um certo nível ao alcance das raízes das plantas. Esses locais precisam de ser mantidos e monitorizados (regados, fertilizados e monitorizados).

1.12.1 Espécies de plantas para fitoremediação

Para identificar populações de plantas com a capacidade de acumular metais pesados, 300 acessos de 30 espécies de plantas foram testados por Ebbs *et al.* (1997) em hidroponia durante 4 semanas, tendo níveis moderados de Cd, Cu e Zn. Os resultados indicam que muitas *Brasssica* spp. tais como B. *juncea*, B. *juncea*, B. *napus* e B. *rapa*. exibiram uma acumulação de Zn e Cd moderadamente melhorada. Também foram consideradas as mais eficazes na remoção de Zn dos solos contaminados. Até à data, mais de 400 espécies de plantas foram identificadas como hiperacumuladoras de metais, representando menos de 0,2% de todas as angiospérmicas (Brooks, 1998; Baker *et al.*, 2000). As espécies de plantas que foram identificadas para a recuperação do solo incluem plantas de elevada biomassa, como o salgueiro (Landberg e Greger, 1996), ou aquelas que têm baixa biomassa mas caraterísticas de elevada hiperacumulação, como as espécies *Thlaspi* e *Arabidopsis*. A nível mundial, foi identificado um número de espécies com capacidade para acumular um ou mais metais (Reeves, 2003).

1.12.2. Plantas transgénicas na fitorremediação

As espécies de plantas atualmente desenvolvidas para fitorremediação parecem capazes de bioacumular eficazmente o contaminante visado, mas a eficiência pode ser melhorada através da utilização de plantas transgénicas (geneticamente modificadas). As espécies de plantas naturais que podem ser geneticamente modificadas para melhorar a fitoremediação incluem *Brassica juncea* para fitoremediação de metais pesados do solo (Dushenkov *et al.*, 1995), *Helianthus annulus* (Dushenkov *et al.*, 1995) e *Chenopodium amaranticolor* (Eapen *et al.*, 2003) para rizofiltração de urânio. O aumento da acumulação de metais resultante destas abordagens de engenharia genética é normalmente duas a três vezes superior ao metal por planta, o que aumenta potencialmente a eficiência da fitoremediação pelo mesmo fator. Ainda não é claro até que ponto estes transgénicos são aplicáveis à limpeza ambiental, uma vez que não foram comunicados quaisquer estudos de campo, exceto um que utiliza uma planta transgénica de mostarda indiana que exprime em excesso enzimas envolvidas na redução de sulfato/selenato (Pilon Smits *et al.*, 1999; Zhu *et al.*, 1999 a, b).

Estudos genéticos clássicos mostraram que apenas alguns genes (até três) são responsáveis pela tolerância aos metais (Macnair *et al.*, 2000). Os possíveis domínios de manipulação genética são os seguintes;

- *Metalotioneínas*; A transferência do gene da metalotioneína humana para o tabaco resultou em plantas com maior tolerância ao Cd (Misra e Gedamu, 1989), e a transferência do gene da metalotioneína da ervilha para *Arabidopsis thaliana* resultou numa maior acumulação de Cu (Evans *et al.*, 1992).

- *Fitoquelatinas"*. Foi demonstrado que *a Brassica juncea* transgénica que exprime diferentes enzimas envolvidas na síntese de fitoquelatina extrai mais Cd, Cr, Cu, Pb e Zn do que as plantas selvagens (Zhu *et al.*, 1999a, b).

- *Ácidos orgânicos*; A sobre-expressão da citrato sintase demonstrou promover uma maior tolerância ao Al.

- *Alteração dos mecanismos de stress oxidativo*; a expressão excessiva de glutationa S-transferase e peroxidase em plantas *de Arabidopsis* resultou numa maior tolerância ao Al (Ezaki *et al.*, 2000).

1.13. Efeito dos metais pesados no crescimento das plantas

Os metais pesados como o Cu, o Alumínio e o Zn são essenciais para o crescimento e desenvolvimento normais das plantas, uma vez que são constituintes de muitas enzimas e outras proteínas. No entanto, concentrações elevadas de metais pesados essenciais e não essenciais no solo podem provocar sintomas de toxicidade e inibição do crescimento na maioria das plantas

(Hall, 2002).

Se forem acumuladas quantidades abundantes na planta, os metais pesados afectarão negativamente a absorção e o transporte de elementos essenciais, perturbarão o metabolismo e terão um impacto no crescimento e na reprodução (Xu e Shi, 2000). O efeito dos metais pesados nas plantas é diferente nas diferentes fases de crescimento das plantas.

A toxicidade do alumínio é um problema agrícola importante, sendo intensamente estudada em sistemas vegetais. A citotoxicidade do Al tem sido bem documentada nas plantas (Delhaize e Ryan, 1995; Horst *et al.*, 1999; Kollmeier *et al.*, 2000; Marienfeld *et al.*, 2000). É do conhecimento geral que as plantas cultivadas em solos ácidos devido à solubilidade do Al a um pH baixo têm sistemas radiculares reduzidos e apresentam uma variedade de sintomas de deficiência de nutrientes, com a consequente diminuição do rendimento. A inibição do crescimento das raízes e dos rebentos é um sintoma visível da toxicidade do Al. Os primeiros sintomas dizem respeito às raízes. Os sintomas mais precoces dizem respeito às raízes. Os rebentos, em contraste com a situação observada na toxicidade do Mn, são menos afectados (Chang *et al.*, 1999). O atrofiamento das raízes é uma consequência da inibição do alongamento das raízes induzida pelo Al. As raízes são geralmente atarracadas e quebradiças e as pontas das raízes e as raízes laterais tornam-se espessas e podem ficar castanhas (Mossor-Pietraszewska *et al.*, 1997). Essas raízes são ineficientes na absorção de nutrientes e água. As plântulas jovens são mais susceptíveis do que as plantas mais velhas. Aparentemente, o Al não interfere com a germinação das sementes, mas prejudica o crescimento de novas raízes e o estabelecimento das plântulas (Nosko *et al.*, 1988). As respostas comuns dos rebentos ao Al incluem: alterações celulares e ultra-estruturais nas folhas, aumento das taxas de resistência à difusão, redução da abertura dos estomas, diminuição da atividade fotossintética que conduz à clorose e necrose das folhas, diminuição total do número e tamanho das folhas e diminuição da biomassa dos rebentos (Thornton *et al.*, 1986).

Blancaflor *et al.* (1998) estudaram os efeitos induzidos pelo Al nos microtúbulos e nos microfilamentos de actina em células em alongamento dos ápices radiculares do milho e relacionaram a inibição do crescimento induzida pelo Al com a estabilização dos microtúbulos na zona central de alongamento. No que diz respeito aos determinantes do crescimento (auxina, ácido giberélico e etileno), o Al aparentemente interage direta e/ou indiretamente com os factores que influenciam a organização do citoesqueleto, tais como os níveis citosólicos de Ca^{2+} (Jones *et al.*, 1998), Mg^{2+} e calmodulina (Grabski *et al.*, 1998), potencial elétrico da superfície celular (Takabatake e Shimmen, 1997), formação de calose (Horst *et al.*, 1997) e composição lipídica da membrana plasmática (Zhang *et al.*, 1997).

1.13.1. Efeito dos metais pesados no teor de pigmentos das plantas

Os metais pesados afectaram a função do PS I e do PS II, tendo sido mais forte no último (Yang *et al.*, 1989). As proteínas da clorofila, que levam protões para a fotossíntese no PS II, foram decompostas e diminuíram sob stress de Cd. A submicroestrutura do cloroplasto foi alterada e o sistema de membranas foi destruído. Por conseguinte, a capacidade de captação de protões diminuiu e a função de fotossíntese foi influenciada (Peng e Wang, 1991). Assim, o rendimento fotossintético seria um dos indicadores da poluição por metais pesados.

O excesso de Cu, Zn e Al causa numerosos efeitos tóxicos nas plantas. Foi demonstrado que os três metais causam redução no conteúdo de clorofila e na taxa de fotossíntese, enquanto o Al e o Cu inibem a respiração em algumas plantas (Sarkunan *et al.*, 1984; Fernandes e Hendriques, 1991; Doncheva, 2001; Lim *et al.*, 2006). Concentração tóxica de Cu, Zn e Al através do seu impacto no conteúdo de clorofila e na atividade da redutase nitrosa. O índice de tolerância e o fator de bioacumulação desta planta são também determinados para avaliar a sua propriedade fitorremediadora.

Estudos pormenorizados indicam que os metais pesados têm efeitos no teor de clorofila das plantas. Sabe-se que os metais pesados interferem com a síntese de clorofila, quer através da inibição direta de um passo enzimático, quer induzindo a deficiência de um nutriente essencial (van Assche e Clijsters, 1990).

1.13.2. Efeito dos metais pesados no teor de prolina das plantas

A acumulação de prolina, aceite como um indicador de stress ambiental, é também considerada como tendo um importante papel protetor. O stress provocado por metais pesados leva à acumulação de prolina (Alia e Saradhi, 1991). Foi sugerido que a acumulação de prolina nos tecidos vegetais resulta de;

(a) Uma diminuição da degradação da prolina,

(b) Aumento da biossíntese de prolina,

(c) Diminuição da síntese proteica ou da utilização de prolina,

(d) Hidrólise das proteínas (Charest e Phan, 1990).

Pensa-se que a prolina desempenha um papel fundamental como soluto osmorregulador em plantas sujeitas a stresses hiper osmóticos, principalmente a seca e a salinidade do solo. De facto, a acumulação deste iminoácido pode fazer parte de uma adaptação geral a condições ambientais adversas, tendo sido documentada em resposta a vários stresses, incluindo a exposição ao Al. A prolina estabiliza as estruturas celulares, bem como elimina os radicais livres (Hare e Cress, 1997).

A toxicidade dos metais nas plantas é muito complexa e depende das espécies vegetais, especialmente da concentração de metais, do pH do solo e da composição do solo. A contaminação por metais pesados, como o chumbo, tem efeitos nocivos sobre o crescimento e o metabolismo das folhas das plantas. A acumulação de prolina reduz os danos nas membranas e nas proteínas. O aumento da concentração de prolina durante o stress pode indicar um possível papel destes aminoácidos na osmorregulação (Martin *et al.*, 1993). Kao (1981) referiu que, nas folhas maduras, se registava uma diminuição da degradação das proteínas e um aumento da concentração de aminoácidos livres, como a prolina.

1.13.3. Efeito dos metais pesados no teor proteico das plantas

A toxicidade dos metais pesados pode resultar da ligação dos metais a grupos sulfidrilo nas proteínas, levando à inibição da atividade ou à perturbação da estrutura, ou da deslocação de um elemento essencial, resultando em efeitos de deficiência (Van Assche e Clijsters, 1990). Além disso, um excesso de metais pesados pode estimular a formação de radicais livres e de espécies reactivas de oxigénio, resultando talvez em stress oxidativo (Dietz *et al.,* 1999).

Foi levantada a possibilidade de o Al ser desintoxicado pela formação de complexos estáveis de metal-proteína. Muitos autores mostraram a síntese induzida de uma proteína citosólica de ligação ao Al (Basu *et al.*, 1999; Snowden *et al.*, 1995; Somers e Gustafson, 1995; Wu *et al.* ,2000).

Os ácidos orgânicos de pequeno peso molecular podem quelar metais pesados (Yang *et al.*, 2000), e as proteínas de ligação a metais ou metalotioneínas são perfeitas para quelar metais pesados (Zhang *et al.*, 1999). As proteínas de ligação a metais também foram identificadas e purificadas no arroz, feijão, brócolos e tabaco, com um peso molecular de 3,1 a 33,1 KD (Li e Yu 1990).

1.13.4. Efeito dos metais pesados no teor de açúcar das plantas

A redução do crescimento e os níveis alterados dos principais constituintes bioquímicos, como clorofila, proteína, aminoácidos livres, amido e açúcares solúveis, que desempenham um papel importante no metabolismo das plantas, É interessante que os locais da redução mais abundante de sais metálicos a nanopartículas foram os cloroplastos, regiões de alto teor de açúcar redutor (glicose e frutose). A redução do crescimento e os níveis alterados dos principais constituintes bioquímicos, como clorofila, proteína, aminoácidos livres, amido e açúcares solúveis, que desempenham um papel importante no metabolismo das plantas, foram observados em resposta a concentrações variáveis de Cd^{2+} no meio nutriente.

1.13.5. Efeito dos metais pesados na atividade enzimática das plantas

O Al interfere com a divisão celular nas pontas das raízes e nas raízes laterais, aumenta a rigidez da parede celular através da ligação cruzada das pectinas, reduz a replicação do ADN aumentando a rigidez da dupla hélice, fixa o P em formas menos disponíveis nos solos e nas superfícies das raízes das plantas, diminui a respiração das raízes, interferem com uma série de enzimas, diminuem a deposição de polissacáridos da parede celular, diminuem a produção e o transporte de citocininas, modificam a estrutura e a função das membranas plasmáticas, reduzem a absorção de água e interferem com a absorção, o transporte e o metabolismo de vários nutrientes essenciais. (Taylor *et al.*, 1998). O stress causado pelo Al resulta numa diminuição do nível total de nucleótidos de adenina e do tamanho do pool de adenilato. Este facto pode levar a uma alteração do estado energético (Lorenc-Plucinska e Ziegler, 1996). Hamilton *et al.* (2001) descreveram uma indução da ATPase vacuolar e da ATP sintase mitocondrial pelo Al numa cultivar de trigo resistente ao Al. Foi referido que estas enzimas desempenham um papel na resistência ao Al.

A superóxido dismutase (SOD), a peróxido dismutase (POD) e a catalase (CAT) são enzimas importantes para as plantas adaptadas ao stress ambiental; são designadas por sistema enzimático protetor das plantas. A interação harmónica das três enzimas estabelece o equilíbrio entre a produção e a eliminação de radicais livres e mantém baixo o nível de radicais livres nas plantas para evitar a lesão das células por radicais livres, DNase, RNase (Duan e Wang, 1992), proteinase (Chen e Gong, 1996) e nitrato redutase (Xu e Shi, 2000). Todas estas descobertas sugerem que os metais pesados inibem o metabolismo do azoto, a respiração e o metabolismo dos ácidos nucleicos, revelando toxicidade para as plantas.

1.13.6. Fitoacumulação de metais pesados nas raízes, caule e folhas

A fitoacumulação envolve a absorção de contaminantes pelas raízes das plantas, seguida da sua translocação através do xilema e da acumulação nos rebentos e nas folhas. Alguns contaminantes, como o selénio, o mercúrio e os compostos orgânicos voláteis, podem ser libertados para a atmosfera através das folhas. A fitoacumulação tem sido normalmente aplicada a solos poluídos. O método baseia-se na identificação, cultivo e colheita de plantas tolerantes a contaminantes conhecidos. Para que o processo seja economicamente viável, uma planta cultivada deve hiperacumular o(s) contaminante(s) e produzir uma grande biomassa. Outros factores, como a taxa de crescimento, a seletividade dos elementos, a resistência às   doenças

, o método de   colheita e a eliminação   ,   são   igualmente importantes

(Cunningham e Ow 1996; Baker *et al.*, 1994).

A fitoacumulação refere-se à absorção de substâncias tóxicas pelas plantas, o que é conhecido e tem sido estudado no contexto das águas pluviais e das águas de minas em zonas húmidas (Kadlec, 1999). No entanto, em muitos casos, o contaminante é seletivamente ligado aos tecidos subterrâneos, raízes e rizomas, e não é facilmente recolhido. Por exemplo, os metais são absorvidos pelas plantas e, em muitos casos, armazenados preferencialmente nas raízes e nos rizomas (Sinicrope *et al.*, 1992). A rizofiltração é a adsorção ou precipitação nas raízes das plantas (ou absorção nas raízes) de contaminantes que se encontram em solução na zona das raízes (Neate, 2003). Baseia-se numa combinação dos princípios da fitoextracção e da fitoestabilização, especialmente adequada para remover metais e radionuclídeos da água poluída. Os contaminantes são absorvidos e concentrados pelas raízes das plantas, sendo depois precipitados sob a forma de carbonatos e fosfatos (Salt *et al.*, 1995). A acumulação de poluentes (nutrientes e metais pesados) mostra que a contribuição das macrófitas no sentido da absorção de poluentes é significativa neste estudo, para além de proporcionar uma grande área de superfície para o crescimento microbiano, fornecendo carbono reduzido através de exsudados radiculares e de um ambiente micro aeróbico e através da libertação de oxigénio pelas raízes na rizosfera, e estabilizando a superfície do leito (Gersberg *et al.*, 1986; Tanner, 2001; Gagnon *et al.*, 2006.

1.13.7. O efeito dos metais pesados no solo e a sua remoção

Esta tecnologia baseia-se na capacidade das raízes das plantas para absorver, translocar e concentrar metais tóxicos do solo para os tecidos vegetais colhíveis acima do solo. O processo de concentração resulta numa redução da massa contaminada e também na transferência do metal de uma matriz à base de aluminossilicato (solo) para uma matriz à base de carbono (plantas). O carbono no material vegetal pode ser oxidado a dióxido de carbono, diminuindo ainda mais (e concentrando) a massa de material a ser tratado, eliminado ou reciclado (Blaylock e Huang, 2000). As espécies vegetais variam significativamente na capacidade de acumular metais de solos contaminados, uma vez que é necessário um equilíbrio entre a absorção de iões metálicos essenciais para manter o crescimento e o desenvolvimento e a capacidade de proteger a atividade e as estruturas celulares sensíveis de níveis excessivos de metais essenciais e não essenciais (Garbisu e Alkorta, 2001). De um modo geral, os metais entram nas plantas principalmente através da absorção dos iões metálicos disponíveis na solução do solo para o plasma da raiz, impulsionados pelo gradiente de potencial químico elétrico através da membrana plasmática das células da raiz (Blaylock e Huang, 2000). Uma vez dentro da planta, a maioria dos metais é demasiado insolúvel para se mover livremente no sistema vascular, pelo que normalmente formam precipitados de fosfato, sulfato ou carbonato.

1.13.7.1. Efeito dos metais pesados na atividade da desidrogenase do solo

Os metais pesados são constituintes naturais do solo. Persistem nos solos e têm uma taxa de lixiviação muito lenta; por conseguinte, tendem a acumular-se nos solos. Algumas quantidades vestigiais de alguns metais pesados são necessárias para os seres vivos, mas em excesso são prejudiciais. Os riscos ecotoxicológicos da contaminação por metais são potencialmente prejudiciais para as plantas, os animais, os seres humanos e os microrganismos. A poluição por metais pesados pode suprimir ou mesmo matar partes sensíveis das comunidades microbianas das plantas e do solo e levar a uma alteração da sua diversidade funcional e estrutura. Uma vez acumulados na cadeia alimentar, o seu efeito torna-se adverso com níveis tropicais devido à biomagnificação. Por outro lado, os metais pesados como o Cu, o Fe, o Mn, o Ni e o Zn são essenciais para o crescimento das plantas e são constituintes importantes de muitas enzimas. Para além disso, metais como Al, As, Cd, Cr, Hg, Pb, Sb, Se, entre outros, não são essenciais e são tóxicos acima de certos níveis limiares (Panda e Choudhury, 2005).

Os solos contaminados com metais pesados são pobres em nutrientes e em diversidade microbiana e contribuem para uma acumulação de biomassa vegetal abaixo do nível ótimo, bem como para taxas de remediação mais baixas (White *et al.*, 2006). Várias propriedades biológicas do solo são influenciadas pelos metais pesados e as alterações nessas propriedades podem atuar como indicadores sensíveis da qualidade do solo, uma vez que são mais dinâmicas e frequentemente mais sensíveis do que os parâmetros físicos ou químicos. Uma dessas propriedades biológicas é a atividade microbiana e enzimática do solo, que é frequentemente utilizada para determinar a influência de vários poluentes no sistema vivo. Como os níveis elevados de contaminantes inibem a atividade das plantas e dos micróbios, a fitoremediação é eficaz quando os contaminantes estão presentes a níveis baixos ou médios. Investigações recentes mostraram efeitos impressionantes com as emendas de biofertilizante e lamas biológicas às terras contaminadas, as plantas foram capazes de crescer e sobreviver em níveis extremamente elevados de contaminação por metais pesados (Juwarkar *et al.*, 2008). A atividade enzimática do solo é uma caraterística fundamental dos nutrientes das plantas e dos processos de ciclagem, pelo que a medição de actividades enzimáticas específicas é considerada útil para determinar a atividade biológica do solo que, por sua vez, é um índice da fertilidade do solo (Perucci, 1992). Pensa-se que as enzimas do solo são principalmente de origem microbiana (Ladd, 1978), mas também têm origem em plantas e animais (Tabatabai, 1994).

A atividade da desidrogenase é utilizada como indicador de medição da biomassa ativa do solo e está relacionada com a atividade microbiana global do solo, que reflecte a sua gama total de atividade oxidativa (An e Kim, 2009). Sabe-se que a enzima desidrogenase oxida a matéria orgânica do solo, transferindo protões e electrões dos substratos para os aceitadores (Makoi e Ndakidemi, 2008). O ensaio da desidrogenase mede a atividade total da amostra de solo, que se deve aos microrganismos activos e às enzimas estabilizadas na matriz do solo (Knight e Dick, 2004). Também pode ser utilizado como um método para descrever a atividade biológica nas fases termofílica e mesofílica da compostagem (Barrena *et al.*, 2008). Uma vez que é difícil extrair enzimas intactas do solo, mede-se a atividade em vez da massa. Estes processos fazem parte das vias de respiração dos microrganismos do solo e são influenciados por factores ambientais. A sua atividade não só aumenta em solos bem irrigados como também com a adição de nutrientes ao solo, mas diminui com a profundidade do solo (Brzezinska *et al.*, 2001). A atividade só aumenta se a taxa de adição de lamas for limitada (Obbard *et al.*, 1994). A desidrogenase é sensível à poluição por metais pesados; por conseguinte, é utilizada para avaliar os efeitos secundários dos produtos químicos nos microrganismos (Nweke *et al.*, 2007). A atividade também varia com o tipo de solo e a estação do ano. Verifica-se que a atividade da desidrogenase é mais elevada na rizosfera durante as estações secas do que nos Invernos húmidos.

1.13.7.2. Efeito dos metais pesados no carbono orgânico, no nitrato, no amónio e no fósforo disponível

O carbono orgânico dissolvido (DOC) é constituído por vários tipos de compostos orgânicos de baixo peso molecular, como polifenóis, ácidos alifáticos simples, aminoácidos e ácidos de açúcar (Fox e Comerfield, 1990). O COD permanece dissolvido na solução do solo em condições naturais e verificou-se que pode ser responsável pelo equilíbrio de dissolução dos metais na solução do solo, especialmente a valores de pH neutros (Harter e Naidu, 1995). O COD tem também um papel único na química dos metais pesados nos solos; reduz a adsorção de metais nas superfícies do solo, quer competindo mais eficazmente com o ião metálico livre, quer formando complexos organometálicos solúveis ou sendo preferencialmente adsorvido nas superfícies em vez dos metais com que compete (Guisquiani *et al.*, 1998).

As plantas necessitam de muito mais azoto (N) do que de fósforo. Nos sistemas agrícolas, o azoto provém da mineralização da matéria orgânica, da fixação do azoto do ar pelas leguminosas e da aplicação de fertilizantes. O azoto dos fertilizantes interage com os componentes do solo através de processos biológicos e químicos, de modo que, pouco depois da sua aplicação, a maioria dos compostos de azoto (com exceção do nitrato) não pode ser encontrada no solo na forma em que foi aplicada.

Nas terras cultivadas, a maior parte do N do solo encontra-se na matéria orgânica. Os 15 cm superiores do solo contêm frequentemente 500 a 5000 kg N/ha em compostos orgânicos altamente complexos.

Nesta forma, o N não está normalmente disponível para as plantas. O N inorgânico do solo é o N imediatamente disponível para as plantas e é constituído por amónio (NH_4^+) e nitrato (NO_3^-). A quantidade de N inorgânico varia muito em função das condições sazonais, do tratamento anterior com fertilizantes, do historial de cultivo de leguminosas e das propriedades do solo, mas raramente é superior a cerca de 100 kg N/ha. Num solo que não tenha recebido qualquer fertilizante N nem tenha cultivado leguminosas, é geralmente inferior a 50 kg N/ha.

Como o azoto reage e se move no solo

1.13.7.3. O N sofre várias reacções no solo;
- **Mineralização:** os microrganismos convertem o N da matéria orgânica ou do adubo de ureia em formas inorgânicas (amónio e nitrato) que as plantas podem utilizar.

- **Imobilização:** as plantas e os microrganismos absorvem formas inorgânicas de N (principalmente nitratos de fertilizantes e outras fontes) e convertem-nas em matéria orgânica, que pode ser recuperada após a decomposição dos resíduos vegetais. Este é o processo inverso da mineralização

- **Nitrificação:** os microrganismos utilizam o oxigénio para converter o amónio dos fertilizantes e de outras fontes em nitrito e nitrato.

- **Desnitrificação:** As bactérias convertem os nitritos ou nitratos em óxido nitroso ($N_2 O$) e azoto elementar (N_2), que pode ser perdido para a atmosfera.

- **Fixação do azoto:** os microrganismos associados aos nódulos nos sistemas radiculares das leguminosas convertem o gás N da atmosfera em amónio e N orgânico, que é armazenado nos nódulos. Ao contrário do P, o N como nitrato é muito móvel nos solos. É facilmente lixiviado para as águas subterrâneas e de drenagem que podem acabar em águas superficiais. É também facilmente dissolvido no escoamento superficial.

O nitrato é atualmente um dos poluentes mais perigosos (Awasthi e Rai; 2005, Johnson e Kross, 1990; USEPA, 1987). A atividade da redutase do nitrato (NR) é o fator limitante quando se considera o crescimento e a produção de proteínas das algas (Lau *et al.*, 1998). Existe uma grande preocupação com os níveis crescentes de metais pesados no ambiente e com os efeitos nocivos destes elementos nos organismos vivos.

Uma vez que os metais pesados e os nitratos são ambos poluentes nocivos e ocorrem frequentemente em conjunto, é necessário conhecer o efeito dos metais pesados na atividade enzimática

mais ainda quando a NR em algas imobilizadas pode ser utilizada para tratar a poluição por nutrientes. O sistema de tratamento biológico será definitivamente afetado quando estiverem presentes metais pesados para   além do NO_3. Embora existam alguns relatórios disponíveis sobre o   nitrato

A atividade da redutase das células de algas no estado livre, no entanto, existe pouca informação disponível sobre a influência destes metais no estado imobilizado.

A solubilidade dos metais pesados nos solos poluídos pode ser aumentada através da utilização de agentes orgânicos e inorgânicos, melhorando assim as capacidades de fitoextracção de muitas espécies vegetais. Ebbs *et al.* (1997) alteraram o solo contaminado com Grower-Power, um corretor de solo comercial que melhora a estrutura e a fertilidade do solo, e a remoção de Zn pelos rebentos das plantas duplicou para mais de 30 000 mg Zn/vaso (4,5 kg). Outros materiais de melhoramento aplicados incluem ácido etileno diamina tetra acético (EDTA), ácido cítrico, enxofre elementar ou sulfato de amónio. Foram registados aumentos superiores a 100 vezes na concentração de Pb na biomassa das culturas quando o EDTA foi aplicado aos solos contaminados (Cunningham e Berti, 2000).

O fósforo é um nutriente importante, e as plantas respondem favoravelmente à aplicação de fertilizantes P, aumentando a produção de biomassa. No entanto, a adição de fertilizante P também pode inibir a absorção de alguns contaminantes metálicos importantes, como o Pb, devido à precipitação de metais como a piromorfite e a cloro-piromorfite (Chaney *et al.*, 2000). Este facto sublinha a importância de encontrar novas abordagens para a aplicação de P. Uma alternativa pode ser a aplicação foliar. Este método pode levar à melhoria do estado do P na planta sem inibir a mobilidade do Pb no solo.

Pequenas quantidades de P são retidas na matéria orgânica. O P inorgânico e outros nutrientes que as plantas podem utilizar são libertados quando a matéria orgânica é decomposta pela atividade microbiana. No entanto, esta quantidade é geralmente inadequada para a produção agrícola e o P sob a forma de fertilizante deve ser adicionado à maioria dos solos para satisfazer as necessidades das plantas quando factores como a humidade ou outros nutrientes não limitam o crescimento. O P está normalmente disponível para as raízes das plantas apenas à superfície e quando o solo está húmido.

Pode ser utilizada uma gama de compostos orgânicos e inorgânicos (Adriano *et al.*, 2004), como a cal, o fosfato e outros materiais orgânicos de baixo valor económico, como os biossólidos, a cama, o composto e o estrume. A calagem tem sido considerada uma ferramenta de gestão importante na redução da toxicidade dos metais nos solos (Gray *et al.*, 2006). Há provas concludentes do valor   hemitigativo do   fosfato solúvel em água   (por exemplo, fosfato diamónico) e insolúvel em água (por exemplo, patite) para imobilizar alguns metais nos solos, reduzindo assim a sua biodisponibilidade para absorção pelas plantas (Brown *et al.*, 1995). O fosfato aumenta a imobilização de metais nos solos através de vários processos, incluindo a adsorção direta de metais, a adsorção de metais induzida por aniões de fosfato e a precipitação de metais com fosfato em solução como fosfatos metálicos (Adriano *et al.*, 2004). De facto, Bolan *et al.* (2003) referiram que a aplicação exclusiva de cal ou fosfato é eficaz na redução do Cd em solos contaminados.

1.13.7.4. Metais pesados remanescentes no solo

A toxicidade e a mutagenicidade potencial dos metais pesados como o arsénio, o chumbo, o crómio, o cádmio, o cobre, o níquel e o zinco no ambiente estão bem estabelecidas. De acordo com a Agência de Proteção do Ambiente dos Estados Unidos (USEPA), existem mais de 200 000 sítios contaminados com metais pesados nos Estados Unidos que exigem uma limpeza urgente para proteger a saúde pública e o ambiente. De entre os processos físicos e biológicos nos solos subsuperficiais, a geoquímica desempenha um papel importante na distribuição, especiação e potencial de remediação dos metais pesados. As partículas finas do solo são geoquimicamente activas, com os locais da superfície do solo e do mineral a possuírem carga negativa ou positiva ou a serem eletricamente neutros (Evans 1989).

Foram realizados muitos estudos sobre a contaminação dos solos por metais pesados provenientes de várias fontes antropogénicas, tais como resíduos industriais (Gibson e Farmer, 1983), emissões de automóveis (Garcia-Miragaya, 1984) e práticas agrícolas (Colbourn e Thornton, 1978).

A poluição do solo por metais pesados tornou-se um dos principais tópicos de discussão de todas as crises ambientais actuais. Os metais pesados existem em fases coloidais, iónicas, particuladas e dissolvidas. Estão presentes no solo sob a forma de iões metálicos livres, complexos metálicos solúveis, iões metálicos permutáveis, metais organicamente ligados, compostos precipitados ou insolúveis como óxidos, carbonatos e hidróxidos, ou parte de materiais silicatados (Leyval *et al.*, 1997). Os metais são constituintes naturais do solo. Persistem nos solos e têm uma taxa de lixiviação muito lenta; por conseguinte, tendem a acumular-se nos solos. Os metais pesados afectam indiretamente as actividades enzimáticas do solo, alterando as comunidades microbianas que sintetizam enzimas e o seu modo varia com o tipo de enzima (Moreno *et al.*, 2003). A inibição das enzimas do solo por metais pesados depende da natureza e da concentração dos metais, e a sua extensão varia de uma enzima para outra e, a uma certa concentração, alguns metais pesados podem também estimular a atividade de uma enzima. Os iões metálicos podem inibir as reacções enzimáticas através da complexação do substrato, reagindo com os grupos de proteínas activas das enzimas, com o complexo enzima-substrato (Mikanova, 2006) e com o grupo sulfídral das enzimas (Shaw e Raval, 1961).

Objectivos
- Remoção de alumínio de locais/solos poluídos por plantas selecionadas

- Estudar o efeito do metal pesado em parâmetros fisiológicos como
    Pigmentos fotossintéticos, prolina, proteínas.

- Avaliar o potencial de fitorremediação através do tratamento de plantas hiperacumuladoras *Pedilanthus tithymaloides* L./*variegatas* e *Pedilanthus tithymaloides* L. *tithymaloides* e *V. unguiculata* L. com metal pesado.

- Amostras de plantas e amostras de solos são digeridas por micro-ondas para obter resultados qualitativos e
    análise quantitativa de metais pesados (alumínio) em ICP-OES.

- Estima-se o pH, a condutividade eléctrica, o azoto, o fósforo, o carbono orgânico e a atividade da desidrogenase do solo.

CAPÍTULO 2

2.1CONCEITO   DE FITOREMEDIAÇÃO

A globalização provocou a libertação de vários efluentes que contaminam o ambiente. O solo, a água e o ar foram amplamente contaminados por estes poluentes e, por conseguinte, causam danos ao bem-estar humano. Estes contaminantes podem ser libertados através de riscos naturais e/ou através de actividades antropogénicas. Estes poluentes podem ser orgânicos ou inorgânicos (Garbisu e Alkorta, 2001). Os poluentes orgânicos antropogénicos, depois de libertados no ambiente, podem acumular-se e, com o tempo, degradar-se no solo, ao passo que os poluentes inorgânicos, como os metais pesados, não são degradáveis em comparação com os poluentes orgânicos. Estes ocorrem naturalmente no solo e no ambiente, mas a sua concentração está a aumentar para um nível muito superior ao limiar, principalmente devido às actividades industriais. Em geral, a concentração do metal no solo varia de níveis vestigiais até 100000 mg kg^{-1} , dependendo do tipo e da localização do elemento (Blaylock e Huang, 2000). Independentemente da origem dos metais no solo, o aumento dos níveis destes metais pesados pode resultar na má qualidade do solo, na diminuição da fertilidade do solo, na má qualidade dos produtos agrícolas e na redução do rendimento das culturas (Long et al., 2002). 53 elementos estão a ser identificados como metais pesados (excedendo as densidades acima de 5 gcm^{-1}), e são considerados poluentes universais em zonas industriais. Alguns metais também se apresentam como isótopos radioactivos (U^{238} , Cs^{137} , Pt^{230} , Sr^{90}), que podem causar graves riscos para a saúde (Pilon-Smith e Pilon, 2002).

O potencial redox, a salinidade, a temperatura, a presença de partículas inorgânicas e de substâncias orgânicas, todos juntos, mostram o seu impacto na toxicidade dos HM, ao terem impacto na sua especiação química. A especiação de HM pode ser considerada como uma das ameaças mais críticas para o solo e a água e, por conseguinte, para os seres humanos (Yoon et al., 2006). O Grupo de Ação Ambiental dos Estados Unidos (USEAG) referiu que este problema ambiental ameaçou a saúde de mais de 10 milhões de pessoas em todo o mundo (Environmental News Service, 2006). A toxicidade dos HM é uma questão importante e séria porque estes HM persistem no ambiente durante muito tempo. A meia-vida destes HMs é superior a 20 anos (Ruiz et al., 2009). A concentração destes elementos está a aumentar de dia para dia no solo e no ambiente. De acordo com Singh et al. (2003), nas últimas décadas, a disseminação e libertação de Cd, Cu, Zn e Pb atingiu 22000t (toneladas métricas), 939000t, 1350000t e 738000t, respetivamente.

Devido às ameaças para a saúde e para o ambiente causadas por estes elementos tóxicos e à sua adição regular ao ambiente, a remoção destes elementos torna-se uma necessidade da hora. Existem vários métodos para a remoção destes metais. A remoção destes metais pode ser reduzida várias vezes através da aplicação de técnicas naturais como a fitoremediação. Este método é 1000 vezes mais barato do que os métodos convencionais, como a escavação e o enterramento (Memon et al., 2001).

A fitorremediação é um novo ramo da biotecnologia que utiliza plantas para extrair, sequestrar e/ou desintoxicar vários tipos de poluentes ambientais (Salt et al., 1998). [th]Já no século XIX, Baumann (1885) identificou plantas capazes de acumular níveis invulgarmente elevados de Zn. Mingazzi e Vergnan (1948) identificaram algumas plantas que podem hiperacumular 1% de Ni nos seus rebentos. Com a identificação deste tipo de espécies vegetais, a investigação foi direcionada para a fitorremediação e essas plantas foram designadas como hiperacumuladoras. Foi efectuada uma extensa investigação para elucidar os mecanismos de hiperacumulação. A utilização de plantas tornou-se uma técnica alternativa amiga do ambiente para a remoção de HMs. Este campo ganhou grande atenção por apresentar um preço razoável e ser eficaz na limpeza de centenas de milhares de quilómetros quadrados de solo e água poluídos por actividades antropogénicas (Salt et al., 1995, Cunningham et al., 1996, Salt et al., 1998). A fitoremediação tem quatro ramos que estão a ser utilizados (Salt et al., 1995; Pilon-Smits e Pilon, 2000). São eles: fitoextracção (Brown et al., 1994; Kumar et al., 1995), rizofiltração (Smith e Bradshaw, 1979; Dushenkov et al., 1995), fitoestabilização (Smith e Bradshaw, 1979; Kumar et al., 2006.) e bioremediação assistida por plantas (Walton e Anderson, 1992; Anderson et al., 1993).

Por um lado, a fitorremediação pode ser utilizada para a remoção de poluentes elementares, tais como HMs e radionucleótidos (arsénio, cádmio, césio, crómio, chumbo, mercúrio, estrôncio, tecnitium, trítio e urânio) e, por outro lado, também é utilizada para a remoção de poluentes orgânicos, tais como bifenilos policlorados (PCBs), hidrocarbonetos aromáticos policíclicos (PAHs), nitro aromáticos e hidrocarbonetos halogenados lineares. Uma vez que estes compostos são tóxicos, teratogénicos e cancerígenos, podem ser completamente reduzidos a compostos não tóxicos como o CO_2 , nitrato, cloro e amoníaco através da fitorremediação (Dushenkof et al., 1995, Salt et al., 1998, Salt e Kramer 1999, Cunningham et al., 1996) pelas plantas.

A fitoremediação é uma técnica rentável e ecológica, uma vez que as plantas hiperacumuladoras possuem mecanismos constitutivos e adaptativos para a acumulação ou para tolerar concentrações elevadas de HM nas suas rizosferas. Esta técnica utiliza os mecanismos naturais das plantas. Geralmente, as plantas absorvem os metais do solo utilizando a energia solar, que é uma bomba movida a energia solar, e concentram os metais no seu corpo. A planta, para além dos metais essenciais, absorve uma série de metais não essenciais. Este mecanismo das plantas é o princípio subjacente a esta técnica. Como a fitorremediação mantém as propriedades biológicas e a estrutura física do solo, o perfil do solo não é perturbado. Trata-se de uma técnica amiga do ambiente, potencialmente barata e vantajosa, que também permite a possibilidade de bio-recuperação dos HMs concentrados/extraídos. Existe também a possibilidade de aumentar a eficiência da fitoremediação através do rastreio de várias espécies quanto ao seu potencial e da seleção de plantas potencialmente superiores para utilização. Podem ser desenvolvidas práticas para otimizar o processo de remediação através de ajustamentos do pH e da adição de quelantes e de métodos biotecnológicos como a engenharia genética.

2. 2PLANTAS IMPORTANTES COM POTENCIAL COMPROVADO PARA A FITOREMEDIAÇÃO

Os membros das famílias Brassiaceae e Fabaceae são os primeiros hiperacumuladores identificados/caracterizados. Até à data, mais de 400 espécies de plantas foram registadas como tendo a capacidade de hiperacumular metais (McIntyre, 2003; Baker et al., 2000). Muitas delas são capazes de acumular mais do que um HM (McIntyre, 2003; Yang et al., 2002; He et al., 2002; Yang et al., 2004). A maioria das espécies registadas tem a capacidade de acumular Ni, para além de Co, Cu, Se, Zn, Mn, Cd e Tálio. Pollard publicou no seu artigo que cerca de 418 espécies de plantas vasculares foram registadas como acumuladoras de metais (Reeves e Baker, 2000). Trata-se de um fenómeno comparativamente raro quando comparado com o número total de espécies de plantas vasculares, que excede as 3 000 000. O número de espécies de plantas que são capazes de acumular metais pesados >1000mg/kg de metal está resumido no Quadro 2.1 (Reeves, 2003). Algumas das espécies que podem hiperacumular metais pesados estão listadas aqui (Tabela 2.2), na tabela por ordem alfabética.

Quadro 2.1: Número de plantas com capacidade comprovada de acumulação de 7 metais pesados

S. No.	Metal	Number of Species
1	As	04
2	Cd	01
3	Co	34
4	Cu	34
5	Pb	14
6	Ni	>320
7	Se	20

Quadro 2.2: Lista de plantas cuja capacidade de acumulação de vários metais pesados e poluentes tóxicos foi comprovada

Species	Metal	References
Alyssum wulfenianum	Ni	Reeves and Brooks (1983)
Azolla pinnata, lemna minor	Cu, Cr	Jain et al. (1990)
Brassica juncea	Cu, Ni	Ebbs and Kochian (1997)
Arobiodopsis hallerii	Cd	Kupper et al. (2000)
Pteris vittata	Cu, Ni and Zn	Ma et al. (2001)
Psychotria douarrei	Ni	Davis et al. (2001)
Pelargonium species	Cd	Dan et al. (2002)
Thalspi coerulescens	Zn, Cd and Ni	Assuncao et al. (2003)
Arabidopis halleri	Cd	Berts and Meerts et al. (2003)
Amanita muscaria	Hg	Falandysz et al. (2003)
Arabis gemmifera	Cd and Zn	Kubota and Takenka (2003)
Pistia stratiotes	Ag, cd, Cr, Cu, Hg, Ni, Pb and Zn	Objegba and Fasidi (2004)
Piptahertan miliacetall	Pb	Garcia et al. (2004)
Spartina plants	Hg	Tian et al. (2004)
Astrugulusbisulcuius, Brassica Juncea	Selenium	Ellis et al. (2004)
Sedum alfredii	Cd	Xiong et al. (2004)
Helianthus annus	Pb	Boonyapookana et al. (2005)
Helianthus indicus	Pb	Chandra Sekhar et al. (2005)
Sesbania drummondi	Pb	Sharma et al. (2004)
Lemna gibba	As	Mkandvire and Dude (2005)
Pteris vittata	As	Dong (2005)
Sedum alfredii	Pb/Zn	Sun et al. (2005)
Thlaspi coerulescens	Zn, Pb, Zn and Cd	Banasova and Horak (2008)
Chengiopanax sciadophylloides	Mn	Mizuno et al. (2008)
Tamarix amyrnesis	Cd	Manousaki et al. (2008)
Brassicanapus	Cd	Selvam and Wong (2008)
Arabidopsis thaliana	Zn and Cd	Saraswat and Rai (2009)
Crotalaria juncea	Ni and Cr	Saraswat and Rai (2009)
Rorippa globosa	Cd	Sun et al. (2010)

Para além das plantas, as partes de plantas/resíduos agrícolas também são utilizados na fitoremediação como adsorventes. Os materiais vegetais são eficazes para a remediação de HM. Um artigo de Lesmana (2009) descreveu claramente a utilização de resíduos agrícolas na fitoremediação. O crómio pode ser fitorremediado utilizando casca de amêndoa, casca de noz moída, casca de coco esmagada (Agrawal et al., 2006), pó de folha de neem (Gupta e Babu, 2006; Babu e Gupta, 2008), pó de casca de coco verde (Pino et al, 2006), casca de avelã (Pehlivan e Altan, 2008), flor de palmeira (Elangovan et al., 2008), palha de arroz (Gao et al., 2008), sementes de tamarindo (Agrawal et al., 2006; Pehlivan e Altan, 2008) e casca de maracujá amarelo (Jacques et al., 2007). Os resíduos de chá (Amarasinghe e Williams, 2007), a casca de arroz (Mohan e Sreelakshmi, 2008), a cana (Southichak et al., 2006), as cascas de romã (El-Ashtoukhy et al., 2008), o bolo de óleo de nim (Rao e Khan, 2007), a resina de limão e a casca de limão (Arslanoglu et al., 2008) são utilizados para a remoção do chumbo. O arsénico está a ser removido utilizando pó de casca de coco verde (Pino et al., 2006) e *Moringa oleifera* (Kumari et al., 2006). O farelo de trigo (Dupont et al., 2005), o farelo de arroz (Wang et al., 2006) e as folhas de palmeira (Al-Rub, 2006) são utilizados para remover o zinco. O cádmio pode ser eficazmente removido utilizando pó de folhas de neem (Sharma e Bhattacharyya, 2004), mela de copra de coco (Ofomaja e Ho, 2007; Ho e Ofomaja, 2006), cascas de uva, cascas de limão (Schiewer e Patil, 2008), bolo de óleo de neem (Rao e Khan, 2007), bagaço de azeitona (Gao et al., 2008), cascas de laranja (Schiewer e Patil, 2008) e casca de pinheiro (Argun e Dursun, 2008). A palha (Han et al., 2006) e a madeira de bétula (Grimm et al., 2008) são úteis para a remoção do cobre. A biomassa de *Cassia fistula* (Hanif et al., 2007) pode ser utilizada para a sorção de níquel. O manganês pode ser absorvido utilizando casca de arroz (Mohan e Sreelakshmi, 2008). A fibra de coco (Igwe et al., 2008) é capaz de adsorver mercúrio.

2.3 ESTRATÉGIAS ADOPTADAS PELAS PLANTAS PARA SOBREVIVEREM NAS PLANTAS CONTAMINADAS COM HM

Todas as espécies de plantas possuem a capacidade de absorver metais e algumas são capazes de os acumular em quantidades mais elevadas, pelo que sobrevivem em solos contaminados com metais. Algumas plantas podem não absorver HM em quantidades mais elevadas, mas continuam a desenvolver-se nos solos contaminados através de mecanismos de tolerância adaptativos. Estas plantas têm os mecanismos para tolerar a absorção de HM, ou absorção selectiva, de modo a lidar com estes locais contaminados.

As plantas que podem acumular e tolerar HM acima do nível tóxico são chamadas de hiperacumuladoras (Baker et al., 2000; Zhou e Song, 2004). Os principais critérios para os hiperacumuladores são;

1. Capacidade de acumulação - De acordo com a literatura (Zhou e Song, 2004; Baker et al., 2000 e Lasat, 2002), entende-se por capacidade de acumulação a capacidade de uma planta acumular metais nas suas partes e tecidos acima do solo superiores a 100mg Kg^{-1} para Cd, 1000mg Kg^{-1} para Cu, Cr, Pd e Co; 10mg Kg^{-1} para Hg e 10000 mg Kg^{-1} para Ni e Zn de forma natural.

2. capacidade de tolerância - Sun et al. (2009) definiram-na como a capacidade das plantas de tolerar concentrações mais elevadas de HM e de crescer de forma saudável nos locais contaminados sem apresentar qualquer tipo de efeitos adversos, nomeadamente clorose, necrose, cor castanha esbranquiçada e redução da biomassa.

3. eficiência de remoção é baseada na biomassa da planta - É a concentração total de metais e massa seca de plantas para o total de metais carregados no meio de crescimento (Soleimani et al., 2010).

4. Fator de Bioconcentração (BCF) - O rácio entre a concentração de HM nas raízes das plantas e a concentração de HM no solo foi registado como BCF (Yoon et al., 2006). De acordo com Cluis (2004), o BCF é >1 para hiperacumuladores, no entanto, pode aumentar até 100.

5. Fator de Transferência (FT) - É a razão entre a concentração de HM nas partes aéreas e nas raízes das plantas (Liu et al., 2010).

Para além do acima referido, a absorção dos HM é também controlada e definida pela concentração dos HM no meio/solo/água (Fabris et al., 1982, Malean et al., 1995), que segue um processo passivo dependente da área de superfície, tal como referido por Ward (1989). A maioria dos HM tem mobilidade nos solos, pelo que as raízes das plantas não os podem absorver facilmente. No entanto, a interação entre as raízes das plantas e os micróbios da rizosfera melhora a biodisponibilidade através da secreção de produtos celulares como protões, ácidos orgânicos, PC, aminoácidos e enzimas. O pH baixo e a matéria orgânica contribuem em grande medida para aumentar a capacidade de acumulação (Harbison, 1986). A secreção de protões pelas raízes altera o pH da rizosfera para um pH ácido, o que aumenta ainda mais a dissolução de metais. Bernal et al. (1994) relataram o efeito do pH na libertação de protões e no crescimento de plantas hiperacumuladoras de Ni (*Alyssum murale*) em condições de cultura em solução. Peng et al. (1997) observaram que o pII no solo rizosférico do acumulador de Cu *Elsholtzia splendens* era mais baixo do que no solo a granel quando as plantas eram cultivadas em solo contaminado com Cu e outros metais numa experiência de campo.

Para tolerar os efeitos do stress, as plantas apresentam diversos mecanismos de prevenção/tolerância. Extra-celularmente, possuem crescimentos micorrízicos, extraem exsudados celulares para ajudar em condições extremas de metais pesados. As membranas plasmáticas e as paredes celulares também ajudam neste domínio. A sua ação consiste em reduzir a absorção do metal pesado ou em bombear o efluxo dos metais que entram no citoplasma. A exclusão de metais pesados é um processo ativo, que envolve ATP. Para além destes mecanismos extracelulares, estão também presentes alguns mecanismos intra-celulares potenciais. Estes estão envolvidos na reparação de proteínas, desintoxicação, ligação de HM e desintoxicação de metais pesados. Estes mecanismos incluem a síntese de fitoquelatinas, metalotioninas, ácidos orgânicos e aminoácidos e a compartimentação do vacúolo.

1.1.1 Mecanismos extra-celulares/mecanismos de evitamento

Como descrito acima, as micorrizas, a parede celular e os seus exsudados e a membrana plasmática são objeto de mecanismos de evasão.

As micorrizas são os crescimentos fúngicos associados às raízes de certas espécies de plantas. Estas são de dois tipos: ectomicorrizas e endomicorrizas. Em especial, as ectomicorrizas são eficazes na prevenção de metais pesados pelas suas propriedades quelantes, através das quais as plantas podem sobreviver em condições extremas de metais pesados. Estas também ajudam no processo de exclusão de metais pesados, o que impede o movimento do metal do solo para as raízes da planta hospedeira (Jentschke e Goldbold, 2000). Jentschke e Goldbold (2000) referiram que estas ectomicorrizas são caraterísticas de árvores e arbustos e eficazes na melhoria do efeito da tolerância à toxicidade dos metais nas plantas hospedeiras. De acordo com Hartley et al. (1997)

e Hutterman et al. (1999), a capacidade de tolerância da planta hospedeira é diversa e independente com base no tipo de espécie de fungo e no tipo de metal numa mesma planta hospedeira.

As paredes celulares também poderiam ser úteis para evitar o influxo de metais pesados. No entanto, os exsudados da parede celular foram referidos como eficazes neste contexto. As membranas plasmáticas também desempenham um papel importante devido à sua permeabilidade selectiva. Também ajudam no efluxo dos metais pesados através do sistema de transporte ativo.

1.1.2 MECANISMOS CITOPLASMÁTICOS/MECANISMOS DE RESISTÊNCIA

Proteínas de Choque Térmico (HSPs), Metalotioninas (MTs), Fitoquelatinas (PCs), Ácidos Orgânicos e Aminoácidos e Compartimentalização do Vacúolo são os mecanismos de resistência dentro das células de plantas expostas a ambientes de metais pesados.

As HSPs são as proteínas que, em geral, actuam como chaperons moleculares nos mecanismos de dobragem e transferência de proteínas. Estas estão presentes em todos os tipos de organismos vivos. São classificadas de acordo com o seu tamanho em diferentes grupos, tais como HSP 100, HSP 90, HSP 70, HSP 16 e assim por diante. Estas são identificadas como sendo sintetizadas em maior quantidade quando expostas ao stress de metais pesados, incluindo outros stresses abióticos. Estas ajudam na proteção e reparação de proteínas em condições de stress.

As metalotioneínas são as proteínas ricas em cisteína. Estão presentes em todos os tipos de organismos vivos. São classificadas como grupos MT1 e MT2. A classe de MTs MT I possui resíduos de cisteína que se alinham com uma MT renel de mamífero, mas a outra classe de MTs não pode ser alinhada. (de Miranda et al., 1989; Robinson et al., 1993; Prasad 1999). As funções das MTs incluem a ligação a metais, actuando como antioxidantes e na reparação da membrana plasmática (Salt et al., 1998).

As PCs são pequenas proteínas ricas em cisteína que são sintetizadas a partir do glutatião na presença de uma enzima PC sintase. Foram identificadas pela primeira vez nos fungos *Schizosachcharomyces pombe* quando expostos a um meio rico em Cd. São também designadas por terceiro grupo de MTs. Trata-se de um grupo de péptidos de ligação a metais devido às suas propriedades quelantes de metais. Devido às suas propriedades de ligação a metais, estes péptidos ligam-se a metais pesados, evitando assim a participação de metais pesados em actividades metabólicas normais e danos nos compartimentos celulares. Os PCs ajudam ainda na transferência de metais pesados para os vacúolos.

Os ácidos carboxílicos, como o ácido cítrico, o ácido málico e o aminoácido histdina, também desempenham algum papel na desintoxicação de metais pesados no citoplasma (Rauser, 1999; Clemens, 2001).

Quando o efluxo de metais pesados falha, as proteínas de ligação a metais transferem esses metais para os vacúolos, o que ajuda a reduzir a concentração de metais pesados e a sua toxicidade no citosol. Este processo é designado por compartimentação do vacúolo. Como já foi referido, a compartimentação requer proteínas de ligação a metais, como as MTs e as PCs, juntamente com transportadores de membrana, como os transportadores ABC e os sistemas de transporte do tonoplasto.

2.4EFEITOS DOS METAIS PESADOS NAS PLANTAS

Os metais pesados têm diversos efeitos sobre as plantas e o seu desenvolvimento. A planta pode ser afetada pelos metais pesados ao longo do seu ciclo de vida, desde a germinação até à frutificação. Os efeitos dos metais pesados variam de planta para planta com base no tipo de metal pesado. As diferentes fases de desenvolvimento das plantas também têm efeitos diferentes. Quando se toma em consideração a germinação, que é uma fase essencial e inicial da vida das plantas, foi referido que os metais pesados causam falhas ou atrasos na germinação, dependendo da concentração e do tipo de metais pesados a que estão expostos. A inibição da germinação é normalmente observada quando exposta a metais pesados (Fisher et al., 1981; Singh e Singh, 1981). O crómio alterou a germinação e o desenvolvimento (Yadav, 2010). O chumbo perturba a permeabilidade das membranas e a atividade enzimática (Sharma e Dubey, 2005), o que pode levar a um atraso/inibição da germinação. Claire et al. (1991) referiram que o níquel e outros metais pesados reduziram a germinação da couve, da alface, do milho-miúdo, do rabanete, do nabo e do trigo. O chumbo e o níquel produziram efeitos adversos na germinação de sementes de plantas de Coccinia, Menta e Trigonella (Srinivas et al. 2013). Há também relatos de redução da germinação de sementes de alfafa após exposição a Cd, Cr, Cu e Ni (Aydinalp e Marinova, 2009). O efeito sobre a redução da germinação depende da concentração dos metais pesados. Aydinalp e Marinova (2009) referiram que, embora outros metais pesados como o Cd, Cr, Cu e Ni tenham reduzido a germinação, contraditoriamente, o Zn não teve qualquer efeito sobre a germinação. O Al também não teve qualquer efeito sobre a germinação (Nosko et al., 1988). Alguns metais pesados mostram efeitos tóxicos no processo de germinação; no entanto, o Zn e o Al não têm qualquer efeito, o que indica que a toxicidade depende do tipo de metal pesado.

Se a planta for capaz de lidar com a toxicidade do metal pesado e germinar com sucesso, o efeito pode ocorrer em fases posteriores. Embora o Al não tenha tido efeitos adversos na germinação, afectou negativamente o crescimento das plântulas (Nosko et al., 1988). As razões para estes efeitos negativos no crescimento das plântulas podem ser correlacionadas com a toxicidade do HM no aparelho fotossintético e noutros processos fisiológicos. Uma vez que os metais pesados substituem os metais nas enzimas que perturbam os metais nas proteínas/enzimas que perturbam a atividade das proteínas/clorofilas. Os danos causados pelos metais pesados às enzimas envolvidas na síntese de clorofila resultam na redução da quantidade de clorofila e do teor de carotenóides, o que também resulta na redução da taxa de fotossíntese (Clijster e Van

Assche, 1985; Prasad e Strzalka, 1999; De Filip e Pallaphy, 1994). Estes também perturbam as membranas dos tilocóides (Droppa e Horvath, 1990). Estas alterações/danos aos pigmentos fotossintéticos levam à redução da assimilação do carbono, do crescimento da planta/plântula, da sobrevivência da planta/células, da reprodução, da floração, da frutificação e da formação de sementes (Vangronsveld e Clijsters, 1994). Os metais pesados, como o Cu, o Pb e o Zn, reduzem o teor de clorofila e de carotenóides na planta (Van Assche e Clijster, 1990; Wozny e Krzeslowska, 1993; Kastori et al., 1998; Krupa et al., 1996). O Cd também influencia a taxa fotossintética. No arroz, foi referido que inibe os diferentes passos do ciclo de Calvin, a reação de Hill e a fixação de CO_2 (Prasad e Strzalka, 1999). Ao passo que o metal pesado chumbo, pelo contrário, aumenta o rácio clorofila/carotenoide (Schroedu e Thorhaug, 1980) por razões desconhecidas.

As alterações bioquímicas são as respostas quantificáveis dos estudos de exposição a metais. As alterações na atividade das enzimas são também pontos-chave na fase de plântula e noutras fases de crescimento. Há relatos de aumento da atividade de enzimas do tipo peroxidase. A peroxidase é útil para as reacções de extinção nas plantas (Matthys, 1977) após exposição a Cu, Pb, Zn em condições laboratoriais (Mocquot et al., 1996; Mazhoudi et al., 1997; Lee et al., 1976; Wozny e Krzeslowska, 1993; Van Assche et al., 1988; Weckx e Clijster, 1997). À medida que a atividade da peroxidase aumenta, as outras actividades metabólicas normais, como a fotossíntese e a respiração, são alteradas (Verkleij e Schat, 1990). Outras enzimas, como a polifenol oxidase e a catalase, também aumentam com a exposição a metais pesados. O aumento destas enzimas está relacionado com a acumulação e/ou síntese de radicais livres. Estas enzimas ajudam a remover os radicais livres e a estabilizar as actividades celulares e a parar os danos causados pelos radicais livres às macromoléculas como o ADN, o ARN e as proteínas. Estas enzimas actuam como proteínas protectoras e formam um mecanismo de proteção contra a toxicidade dos metais pesados nas plantas.

2.5 MECANISMOS MOLECULARES DE EVITAMENTO, TOLERÂNCIA/RESISTÊNCIA E ACUMULAÇÃO DE METAIS PESADOS NAS PLANTAS

As plantas evoluíram com a capacidade de tolerar e hiperacumular os níveis tóxicos de metais pesados de forma independente num certo número de espécies (Ernst et al., 1992). Uma planta ideal para ser utilizada na fitoremediação deve possuir algumas caraterísticas peculiares que a tornam adequada para o efeito. Juntamente com a absorção de metais, o rendimento das plantas tem de ser aumentado de forma razoável. Mas, infelizmente, não foi registada nenhuma planta que possua todas as caraterísticas exigidas. Assim, a utilização de instrumentos biotecnológicos ajuda a preencher estes requisitos e a transformar uma planta não acumuladora numa planta acumuladora, ou a melhorar a capacidade de acumulação de uma planta acumuladora. Para que estas alterações sejam efectuadas, é essencial o conhecimento dos mecanismos moleculares de absorção, tolerância, acumulação e translocação de metais.

Em primeiro lugar, é necessária a identificação de variedades de plantas com capacidade de hiperacumulação e/ou com variedades de elevada biomassa através de rastreio, seguindo-se a bioengenharia de genes acumuladores.

Como já foi referido, a membrana plasmática actua como uma barreira para a absorção de metais pesados no citoplasma. Ajuda na homeostase dos catiões metálicos, que envolve o efluxo de metais pesados e o transporte de metais pesados, tais como a família de proteínas do tipo Cpx (ATPase), as proteínas da família Nramp, as proteínas da família CDF, as proteínas da família Zip, etc. (Williams, 2000; Guerinot, 2000). Entre estes transportadores, as proteínas da família Cpx foram identificadas em muitos organismos para o transporte de Cu, Zn, Cd e Pb como metais pesados através das membranas (Williams, 2000). Esta família de proteínas tem um papel na prevenção da acumulação de metais tóxicos no citoplasma. A segunda família de transportadores de proteínas, a família Nramp, está envolvida na absorção de metais pesados Fe e Cd e de alguns iões metálicos bivalentes (Thomine et al., 2000). O gene para os transportadores da família Nramp foi identificado na planta-modelo *Arabidopsis thaliana* e designado por AtNramps3gene. A remoção deste gene aumentou a resistência ao Cd e a sua sobreexpressão aumentou a tolerância, o que resultou numa hipersensibilidade ao Cd nos mutantes de *Arabidopsis*. Os genes da família AtNramp têm homologia com os genes Nramp de bactérias, leveduras, plantas e animais. Uma homologia da família de genes Nramp; os membros da família Pcr desempenham um papel importante na resistência ao Cd nas plantas (Moffat, 1999). A sobreexpressão de AtPcrl reduziu a absorção de Cd nas células de levedura e também reduziu o conteúdo de Cd em protoplastos de levedura e *A. thaliana*.

Como as fitoquelatinas também desempenham um papel importante na desintoxicação de metais pesados e na sua transferência para o vacúolo, ou seja, na compartimentação do vacúolo. A síntese das PCS é um processo essencial para que tudo isto seja efectuado. Foi relatado que as PCS são sintetizadas pela enzima PC Synthase, utilizando o glutatião como precursor.

A concentração de Cd no meio circundante aumenta a atividade da PC Synthase e, consequentemente, a síntese de PCs. O gene responsável pela PC sintase é o gene CADI, que foi clonado em *A. thaliana*, e verificou-se que não havia influência do Cd na expressão do mRNA do CADI (HA et al., 1999). O ADN *da* PCS *de Brassica juncea* (BjPCSl) tem uma relação estreita com as proteínas PCS de *A. thaliana* e *T. caerulescence* (Heiss et al., 2003).

2.6 *PEDILANTO*

Kingdom	:	Plantae
Division	:	Phanerogams
Class	:	Dicots
Sub Class	:	Rosidae
Order	:	Euphorbiales
Family	:	Euphorbiaceae
Genus	:	*Pedilanthus*
Species	:	*tithymaloides*

Figura -1: Duas variedades de *Pedilanthus*

O Pedilanthus tithymaloides (L.) Poit, pertencente à família Euphorbiaceae, é um pequeno arbusto tropical. Existem duas variedades de *Pedilanthus*, nomeadamente *Pedilanthus tithymaloides* var. *variegatus* e *Pedilanthus tithymaloides* var. *tithymaloides*. O *Pedilanthus tithymaloides* (L.) Poit. var. *tithymaloides* é designado por flor de chinelo, flor de pássaro vermelho e espinha do diabo. É um subarbusto com uma altura média de 2m. As suas folhas são simples, alternas, ovadas a elípticas, com 4-10 cm de comprimento. Os caules em ziguezague expelem uma seiva leitosa venenosa quando cortados. *Pedilanthus tithymaloides* (L.) Poit. var. *variegatus* é também um subarbusto, com altura média de 2m. No entanto, tem folhas com variegação rosa ou branca, o que a diferencia da outra variedade (Jamil et al., 2009). *Pedilanthus tithymaloides* tem uma flutuação fotossintética. Em condições de limitação de água, a indução de CAM tem lugar nesta planta (Reddy et al, 2003).

Pedilanthus tithymaloides é uma espécie vegetal eficaz do ponto de vista medicinal. Foi descrito um diterpeno inibidor do crescimento de células cancerígenas, os compostos antibacterianos 5'-S-metiltioadenosina e 1, 4-dihidroquinona, uma enzima proteolítica com atividade anti-inflamatória oral e uma lectina com atividade mitogénica com linfócitos do baço murino e hemaglutinação (Abreu et al., 2008). Abreu et al (2006) relataram a atividade anti-inflamatória in vivo e as propriedades de eliminação de espécies reactivas de oxigénio (ROS) e de espécies reactivas de azoto (RNS) da planta. Abreu et al. (2008) relataram também a sua capacidade antioxidante. Seis diterpenos de jatrofano *poli-O-acilados* que actuam como anti-bacterianos e anti-tuberculose foram identificados e caracterizados a partir da planta (Mongkolvisut e Sutthivaiyakit, 2007). Nanopartículas de prata sintetizadas a partir de extrato aquoso de folhas de *P. tithymaloides* actuam contra o desenvolvimento de dípteros causadores de instares larvares de *Aedes aegypti* (Sundaravadivelan et al., 2013).

Tanto quanto sabemos, não existem relatórios pormenorizados sobre a resistência a metais pesados e a capacidade de fitorremediação desta planta, especialmente a fitorremediação do alumínio. No entanto, um artigo de Jamil et al. (2009) mencionou duas variedades de *Pedilanthus*, nomeadamente, *P. tithymaloides* var. *variegatus* e *P. tithymaloides* var. *tithymaloides*, pela sua capacidade de captura de poeiras e capacidade de acumulação de metais nas suas folhas, quando cultivadas na berma da estrada. Foi registada a acumulação de Fe, Zn, Cr, Cd, Ni, Mn e Cu. Entre as 10 espécies de plantas que estudaram, *P. tithymaloides* var. *variegatus* e *P. tithymaloides* var. *tithymaloides* foram colocadas nos lugares 3 e 4, respetivamente. *P. tithymaloides* var. *variegatus* teve maior capacidade de acumulação do que *P. tithymaloides* var. *tithymaloides*.

CAPÍTULO 3

EFEITO DO AL NO CRESCIMENTO E NA FISIOLOGIA DE VARIEDADES DE *PEDILANTHUS* E *V. UNGUICULATA*

3.   1INTRODUÇÃO

Este capítulo trata do estudo do efeito do alumínio no crescimento e na fisiologia das duas variedades *de Pedilanthus* e *V. unguiculata* .

Os efeitos são avaliados através da análise quantitativa de pigmentos fotossintéticos como a clorofila a, a clorofila b, as clorofilas totais, os carotenóides, a prolina e as proteínas de *V. unguiculata* após a conclusão do período de crescimento. Os parâmetros morfológicos, como o comprimento do rebento e o comprimento da raiz, são medidos para observar o crescimento da planta.

3.2MATERIAIS   E MÉTODOS

Manutenção de plantas selecionadas

Foram selecionadas para o estudo variedades de *Pedilanthus* e *V.unguiculat*. As variedades de *Pedilanthus* foram colhidas no jardim botânico do Departamento de Botânica da Universidade Sri Venkateswara, Tirupati, Andhra Pradesh. Ambas as variedades *de Pedilanthus* foram cultivadas durante 12 semanas e *a V. unguiculata* foi cultivada durante 4 semanas e colhida para análise. Esta instalação foi mantida sob uma iluminação de 40W. Todas as experiências foram efectuadas em triplicado.

Pedilanthus var. A (*Pedilanthus tithymaloides* L. var. *variegatus) Pedilanthus* var. B *(Pedilanthus tithymaloides* L. var. *tithymaloides*) estacas de caule de 8g de peso foram plantadas em vasos de plástico contendo 500g de solo peneirado (peneirado através de poros de 2mm). 5 sementes de *V.unguiculata* foram semeadas nos vasos de plástico contendo 500g de solo peneirado. Foram utilizados 5 tratamentos com diferentes concentrações de Al para as variedades *Pedilanthus* A e B e *V. unguiculata*. A experiência foi efectuada em triplicado.

C	Control
1	100 ppm
2	200 ppm
3	300 ppm
4	400 ppm
5	500 ppm

Efeito dos metais pesados no crescimento das plantas

Devido ao efeito dos metais pesados, o sistema de rebentos e o sistema radicular das variedades A e B de *Pedilanthus* e *V. unguiculata* são afectados. Os caules são alongados e tenros; as folhas caíram após 12th e 4th semanas, respetivamente. No caso do *Pedilanthus*, as raízes adventícias desenvolveram-se em estacas de caule. Com o aumento da concentração de Al, o número de raízes adventícias também aumentou devido à sua tolerância. No caso de *V. unguiculata*, com o aumento da concentração de Al, a formação de nódulos radiculares foi reduzida.

ESTIMATIVA DOS PIGMENTOS FOTOSSINTÉTICOS
(Hiscox e Israelstam, 1979)

Sample leaves were washed with distilled water

↓

Washed leaves were chopped

↓

0.1gm of chopped leaves was
taken in vials in triplicates

↓

Add 5 ml of Dimethyl sulpoxide

↓

Kept the vials in oven/incubator at 65^0C
for complete leaching of pigments

↓

Read the absorbance of solution at
663, 645, 510 and 480 nm.

Cálculos

Chi a (mg g-1) = [(12,7 x A663) - (2,6 x A645)] x ml de acetona / mg de tecido foliar
Chi b (mg g-1) = [(22,9 x A645) - (4,68 x A663)] x ml de acetona / mg de tecido foliar Chi total

= Chi a + Chi b.

Carotenóides (mg/g de peso seco) = [(7,6 x A480) - (1,4 x A510) / 1000] / [v/w]

ESTIMAÇÃO DE PROLINA (Bates *et al.*, 1973)

Extrair 125 mg de material vegetal por homogeneização em 2,5 ml de solução aquosa a 3%

Sulphosalicyclic acid

Filter the homogenate through whatman no. 2 filter paper

Take 0.5 ml of filtrate in a test tube and add

0.5 ml of glacial acetic acid and 0.5 ml Acid Ninhydrin.

Heat it in boiling water bath for 1 h.

Terminate the reaction by placing the tube in ice bath

Add 1 ml toluene to the reaction mixture stir well for 20-30 seconds

Separate the toluene layer and warm it to room temperature

Measure the red colour intensity at 520 nm

↓

Run a series of standard with pure proline

in a similar way and prepare a standard curve

↓

Find out the amount of proline in the test sample

from the standard curve

Cálculo

$$\mu\,\text{moles per g tissue} = \frac{\mu g\,\text{proline}/\text{ml} \times \text{ml toluene}}{115.5} \times 5\,g/\text{sample}$$

ESTIMAÇÃO DE PROTEÍNAS (Lowry *et al.*, 1951)

Weigh 100 mg of plant sample and grind well with mortar and
pestle in 2 ml of pH 7 buffer

Centrifuge and use the supernatant for protein estimation

Pipette out 0.2- 1 ml series of standard solution into different test tubes
and make up the volume to 1 ml with distilled water.

↓

Add 1 ml of Reagent C to each tube, mix well and allow
to stand for 10 min.

Then add 0.1 ml of reagent D, mix well and incubate at room temperature
in dark for 30 min. (Blue colour is developed).

Take the reading at 660 nm, draw a standard graph and calculate
the amount of protein in the sample

↓

Express the amount protein mg per gram/ g or 100 g sample

EFEITO DE METAIS PESADOS NOS PARÂMETROS DE CRESCIMENTO DE VARIEDADES DE *PEDILANTHUS* E *V. UNGUICULATA*

1. COMPRIMENTO DO DISPARO

a. Comprimento do rebento de *Pedilanthus tithymaloides L.* var. *variegatus* sob stress de Al

No caso de *Pedilanthus* Var A, verificou-se que o comprimento dos rebentos aumentou de 1st para 3rd , mas diminuiu em 4th e voltou a aumentar em 5th quando comparado com o controlo, como se mostra no Quadro-1 e nas Figuras 2 e 3.

Figura-2: Plantas *de Pedilanthus tithymaloides* var *variegates* sob stress de alumínio após uma semana de tratamento

Figura-3: *Pedilanthus tithymaloides variegates* sob stress de alumínio

Tabela-1 Mudança semanal no comprimento do rebento de *Pedilanthus tithymaloides L.* var. variegatus sob stress de Al

tments	W1	W2	W3	W4	W5	W6	W7	W8	W9	W10	W11	W12
C	25.73±1.89	25.88±2.06	26.25±1.85	26.30±2.00	26.63±1.84	22.88±4.55	23.75±3.93	27.0±2.19	27.3±2.36	28.15±3.18	29.33±2.53	29.80±2.36
1	23.13±0.85	23.55±0.90	24.13±0.63	24.03±0.84	24.63±1.03	25.13±3.33	25.38±2.25	25.8±1.89	26.8±1.80	27.98±1.56	28.78±11.73	29.18±1.29
2	25.13±1.44	25.53±1.61	25.25±1.94	26.13±1.65	25.50±1.87	24.25±2.96	26.00±1.47	27.6±1.14	28.3±1.32	29.78±2.08	30.08±2.00	30.58±1.76
3	24.88±0.85	25.10±0.64	25.50±1.73	25.85±0.59	26.13±2.59	27.75±3.07	27.25±2.72	27.0±0.78	28.9±1.00	29.88±0.75	30.60±0.98	31.60±1.41
4	20.50±3.76	20.78±3.82	20.88±4.13	21.60±3.66	20.88±4.13	19.50±6.47	20.38±5.02	22.3±3.81	23.6±4.18	24.00±4.20	25.30±4.37	27.20±4.02
5	23.50±2.12	24.13±2.45	24.50±2.04	24.93±2.33	24.88±1.97	25.5±2.04	25.25±1.85	25.6±2.12	26.8±2.72	27.78±2.87	28.85±3.86	29.20±4.01

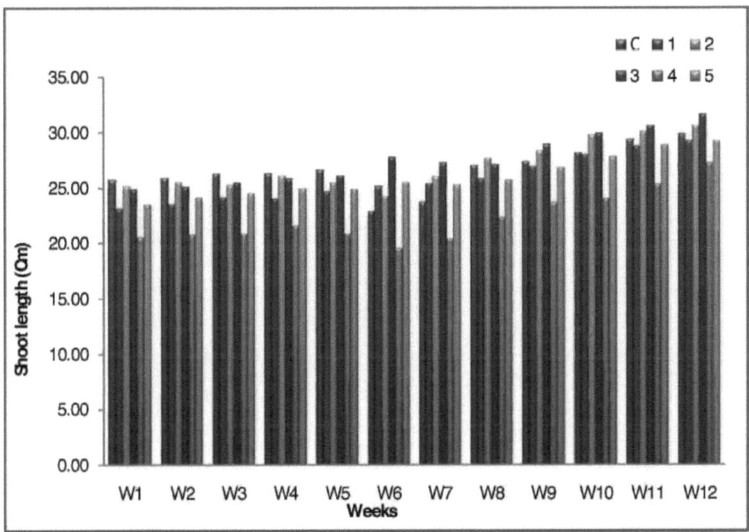

Figura-4: Variação semanal do comprimento dos rebentos de *Pedilanthus tithymaloides L.* var. *variegatus* sob stress de Al

b. Comprimento do rebento de *Pedilanthus tithymaloides L.* var. *tithymaloides* sob stress de Al

No caso de *Pedilanthus* var B, observou-se a mesma tendência no que respeita ao comprimento dos rebentos, como se mostra no Quadro 2 e nas Figuras 5 e 6.

Figura-5: *Pedilanthus tithymaloides L.* var. *tithymaloides* sob stress de Al após uma semana de tratamento

Figura-6: *Pedilanthus tithymaloides L.* var. *tithymaloides* sob stress de Al

Tabela-2: Mudança semanal no comprimento do rebento de *Pedilanthus tithymaloides* L.var. *tithymaloides* sob stress de Al

Treatments	W1	W2	W3	W4	W5	W6	W7	W8	W9	W10	W11	W12
C	26.88±5.45	29.80±5.62	29.50±5.58	29.88±5.34	23.38±8.37	23.88±8.78	22.25±10.02	30.50±5.31	31.95±4.86	33.28±4.63	33.90±4.66	34.43±4.33
1	24.75±5.24	25.10±5.26	25.50±5.20	25.55±5.38	25.00±7.76	26.25±6.44	26.63±5.72	26.25±5.27	27.53±4.33	29.10±4.87	29.88±4.64	31.00±4.73
2	27.00±2.61	27.03±2.59	27.25±2.53	27.68±2.54	27.38±2.29	27.63±3.61	28.00±2.92	28.18±2.54	29.15±2.30	29.75±2.36	29.93±2.20	32.18±2.14
3	30.00±1.73	30.00±1.73	30.50±1.41	30.68±1.48	30.75±1.66	23.63±9.80	23.88±9.15	32.00±1.91	32.70±00.73	33.63±0.87	36.48±2.81	36.95±2.39
4	28.00±7.95	28.08±7.98	28.63±7.87	28.63±8.11	29.38±8.34	26.00±9.51	25.75±9.28	29.28±8.21	30.38±8.21	31.15±7.99	31.95±7.31	32.55±7.07
5	31.63±3.77	32.08±3.67	32.88±3.92	32.53±3.84	33.23±3.93	27.88±7.78	27.25±7.76	33.53±3.82	34.48±4.05	35.55±4.44	36.45±4.66	36.78±4.34

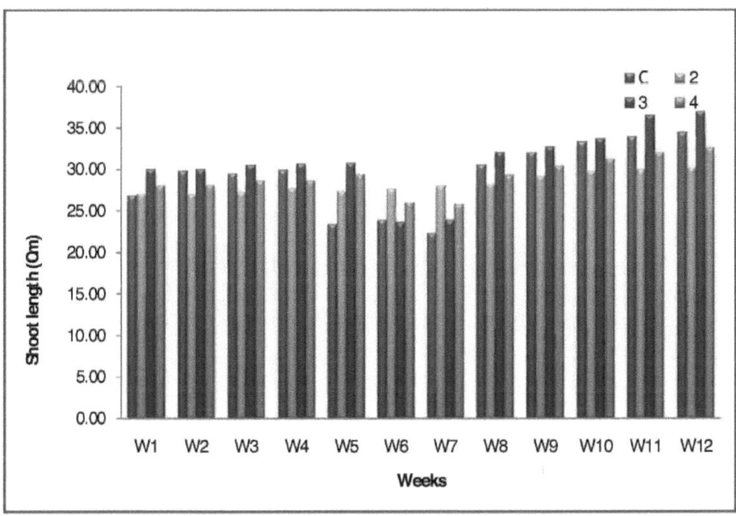

Figura-7 Mudança semanal no comprimento do rebento de *Pedilanthus tithymaloides* L. var. *tithymaloides* sob stress de Al

C. Comprimento do rebento de *V.unguiculata* sob stress de Al

Mas no caso da *V.unguiculata*, o comprimento do rebento diminuiu em todas as plantas tratadas de 1st a 4th semana quando comparado com o controlo, como se mostra no Quadro-3 e nas Figuras 8 e 9. Isto indica que a toxicidade do Al retarda o comprimento dos rebentos de *V.unguiculata*.

Figura:8 *V.unguiculata* **cultivada em solos remediados com Al por variedades** *de Pedilanthes*

Tabela-3 Mudança por semana no comprimento do rebento de *V.unguiculata* **sob stress de Al**

Treatment	W1	W2	W3	W4
C	20.34±1.02	21.14±2.23	21.95±2.04	26.2±3.06
1	18.15±0.98	18.19±1.34	18.15±1.67	18±1.54
2	17.44±1.88	17.2±1.54	17.24±1.34	17.24±1.34
3	16.94±1.34	17.08±1.68	17.21±1.42	17.58±1.25
4	16.36±1.86	16.55±2.02	16.88±1.53	16.97±1.24
5	15.36±1.76	15.81±1.98	16.29±1.67	16.87±1.03

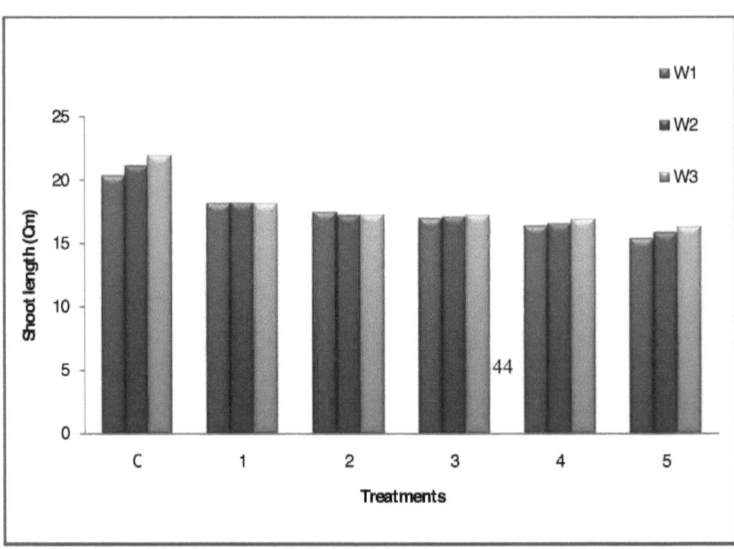

Figura-9 Mudança semanal no comprimento do rebento de *V.unguiculata* sob stress de Al

d. Comprimento do rebento de *V.unguiculata* quando cultivada em solos remediados com Al por variedades *de Pedilanthus*

Quando *a V. unguiculata* foi cultivada em solos fitorremediados de ambas as variedades de *Pedilanthus,* não houve uma diminuição significativa no comprimento do rebento quando comparado com as plantas de controlo, como se mostra no Quadro-4 e nas Figuras 10 e 11. Isto indica que não há efeito no comprimento do rebento devido à toxicidade do Al após a fitoremediação.

Figura:10 *V.unguiculata* quando cultivada em solos remediados com Al por *Pedilanthus* variedade-A

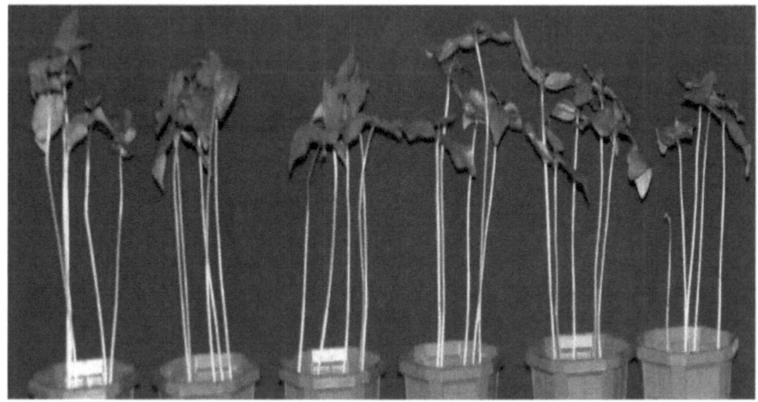

Figura:11 *V.unguiculata* quando cultivada em solos remediados com Al por *Pedilanthus* variedade-B

Tabela-4 Mudança semanal no comprimento do rebento de *V.unguiculata* quando cultivada em solos remediados com Al *por* variedades *de Pedilanthus*

Treatments	Variety A soil				Variety B soil			
	W1	W2	W3	W4	W1	W2	W3	W4
C	20.34± 1.07	21.14± 1.21	21.95± 1,21	22.20± 1.30	17.69± 1.95	18.99± 1.47	19.99± 1.91	20.64± 1.26
1	18.15± 1.39	19.19± 0.79	20.15± 0.72	20.53± 0.77	17.41± 1.71	18.49± 1.13	19.33± 1.44	19.69± 1.40
2	17.44± 0.38	18.29± 0.44	19.24± 0.63	19.55± 0.74	17.28± 0.56	17.71± 0.75	18.39± 1.04	18.75± 1.41
3	17.94± 0.49	18.58± 0.49	19.21± 0.51	19.58± 0.55	18.41± 0.58	19.05± 0.67	19.97± 0.71	20.21± 0.77
4	18.36± 0.16	18.95± 0.08	19.47± 0.22	19.88± 0.39	17.49± 0.78	18.18± 0.61	19.02± 0.84	19.63± 0.90
5	17.51± 0.74	18.36± 0.90	18.99± 0.72	19.47± 0.86	17.53± 1.92	18.07± 1.92	18.72± 1.79	19.11± 1.81

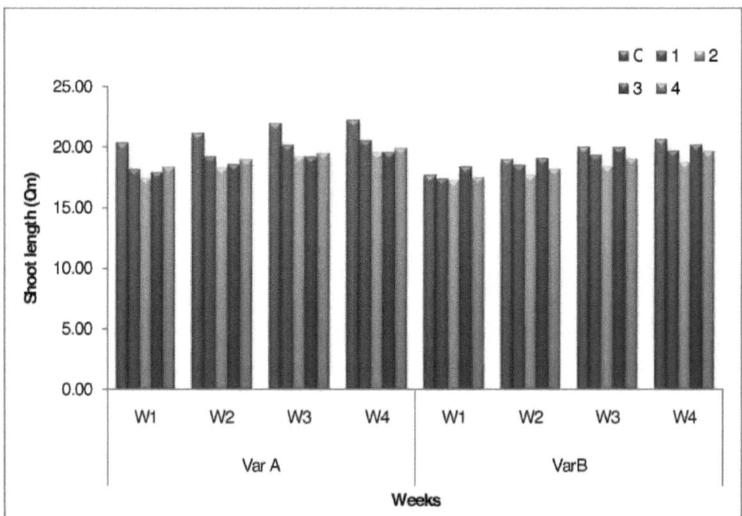

Figura-12 Variação semanal do comprimento do rebento de *V. unguiculata* quando cultivada em solos remediados com Al por variedades *de Pedilanthus*

2. COMPRIMENTO DA RAIZ

a. Comprimento da raiz de *Pedilanthus tithymaloides L.* var. *variegatus* sob stress de Al

A figura 13 e a tabela 5 indicam que houve uma diminuição no comprimento das raízes adventícias de 1st para 5th concentração quando comparada com o controlo. Mas o número de raízes aumentou nas plantas tratadas quando comparadas com o controlo. O número máximo de raízes (8) foi observado na concentração de 3rd .

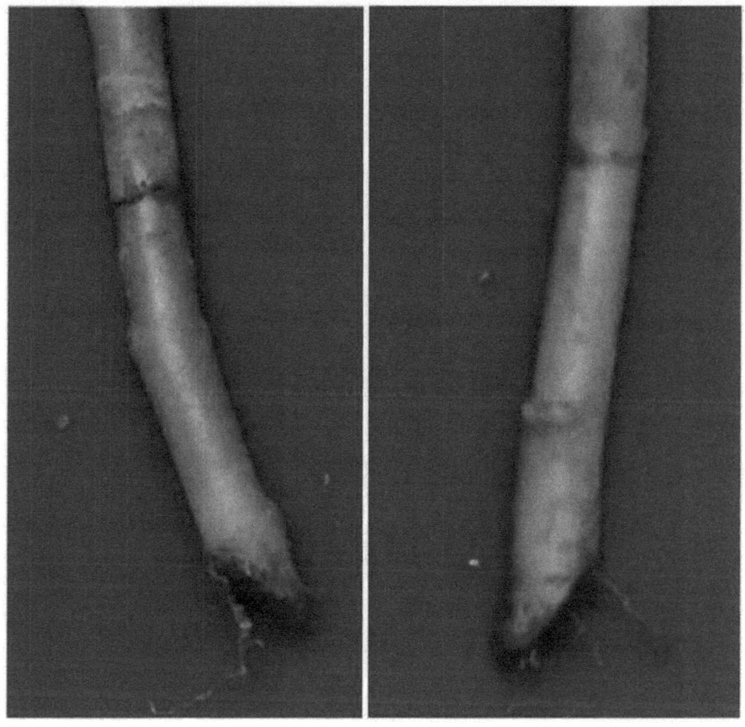

Control   **Al Stress**

Figura-13 Raiz de *Pedilanthus tithymaloides L.* var. *variegatus* sob controlo e Alumínio Condições de tensão

Tabela-5 Mudança semanal no comprimento da raiz de *Pedilanthus tithymaloides L.* var. *variegatus* sob stress de Al

Treatments	AR1	AR2	AR3	AR4	AR5	AR6	AR7	AR8
C	0.78±0.83	0.23±0.05	0.28±0.31	0.13±0.15	0.05±0.10	0.00±0.00	0.00±0.00	0.00±0.00
1	0.38±0.32	0.30±0.32	1.20±1.17	0.20±0.28	0.08±0.10	0.08±0.15	0.38±0.75	0.00±0.00
2	0.25±0.13	0.33±0.25	0.23±1.17	0.18±0.13	0.43±0.57	0.13±0.25	0.03±0.05	0.00±0.00
3	0.40±0.22	0.30±0.26	0.15±0.13	0.13±0.15	0.05±0.06	0.05±0.06	0.05±0.10	0.05±0.1
4	0.33±0.10	0.27±0.18	0.05±0.10	0.13±0.25	0.13±0.25	0.03±0.05	0.08±0.15	0.00±0.00
5	0.25±0.10	0.28±0.10	0.23±0.15	0.10±0.14	0.10±0.14	0.13±0.19	0.00±0.00	0.00±0.00

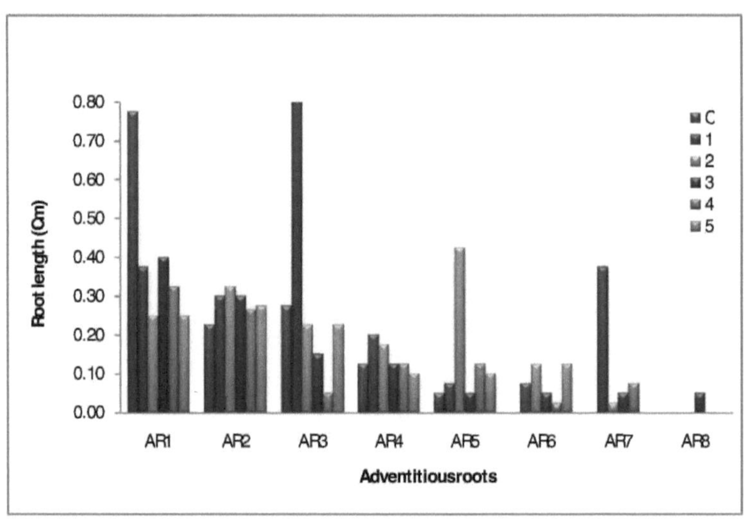

Figura-14 Variação semanal do comprimento das raízes adventícias de *Pedilanthus tithymaloides* L. var. *variegatus* sob stress de Al

b. Comprimento da raiz de *Pedilanthus tithymaloides L.* var. *tithymaloides* sob stress de Al

A Figura 15 mostra que houve um aumento no número de raízes de 1st para 5th concentração quando comparado com o controlo. Na concentração de 3rd foi observado um comprimento máximo de raiz em comparação com as plantas de controlo.

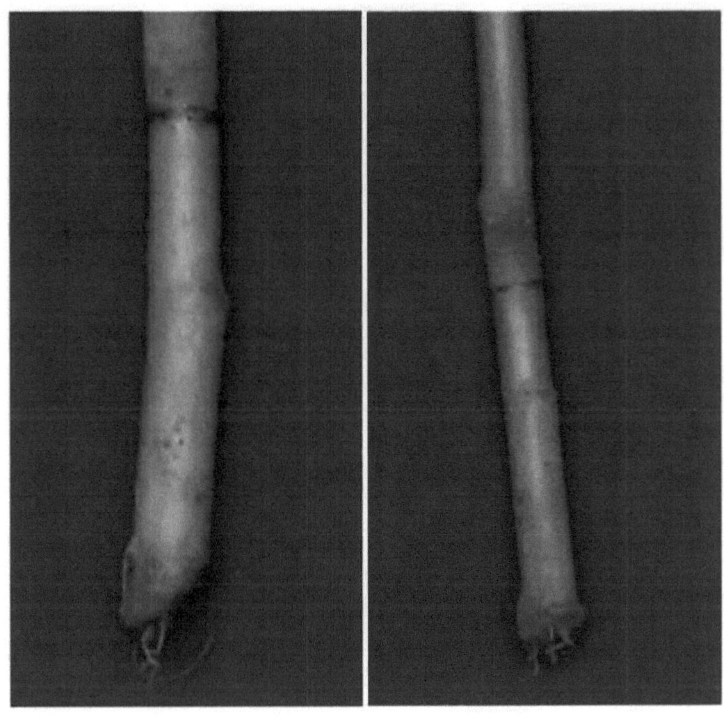

Figura-15 Comprimento da raiz *de Pedilanthus tithymaloides L.* var. *tithymaloides* em condições de controlo e de stress de alumínio

Tabela-6 Mudança semanal no comprimento da raiz adventícia de *Pedilanthus tithymaloides L.* var. *tithymaloides* sob stress de Al.

Treatments	AR1	AR2	AR3	AR4	AR5	AR6	AR7	AR8	AR9	AR10	AR11
C	0.43± 0.29	0.43± 0.43	0.13± 0.19	0.15± 0.17	0.00± 0.00	0.00± 0.00	0.00±00.00	0.00±0.00	0.00±0.00	0.00±00.00	0.00±0.00
1	0.25± 0.10	0.15± 0.13	0.03± 0.05	0.03± 0.05	0.00± 0.00	0.00± .00	0.00± 0.00	0.00±0.00	0.00±0.00	0.00±0.00	0.00±0.00
2	0.43± 0.46	0.65± 0.55	0.23± 0.26	0.18± 0.24	0.03± .05	0.05± 0.10	0.00± 0.00	0.00± 0.00	0.00±0.00	0.00±0.00	0.00±0.00
3	0.85± 0.95	0.28± 0.21	0.33± 0.47	0.08± 0.15	0.50± 1.00	0.23± 0.45	0.05± 0.10	0.00± 0.00	0.00±0.00	0.00±0.00	0.00±0.00
4	0.68± 0.39	0.35± 0.31	0.40± 0.34	0.18± 0.13	0.13± 0.19	0.03± 0.05	0.08± 0.15	0.10± 0.20	0.10±00.20	0.00±0.00	0.00±0.00
5	0.55± 0.39	0.73± 0.13	0.35± 0.24	0.48± 0.29	0.28± 0.17	0.48± 0.32	0.18± 0.22	0.07± 0.06	0.15±0.24	0.05±0.10	0.05±0.10

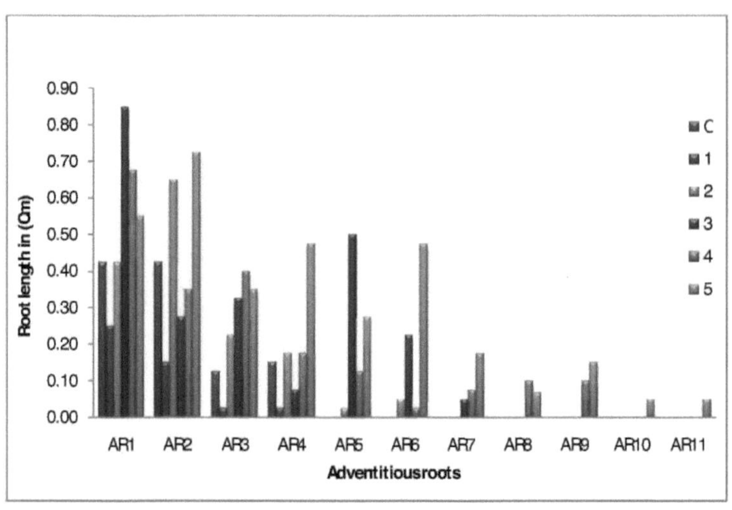

Figura-16 Mudança semanal no comprimento da raiz adventícia de *Pedilanthus tithymaloides* L. var. *tithymaloides* sob stress de Al.

c. Comprimento da raiz de *V.unguiculata* sob stress de Al

No caso de *V.unguiculata*, houve uma diminuição gradual do comprimento da raiz de 1st para a concentração de 5th quando comparado com as plantas de controlo, como se mostra na Tabela-7 e na Figura-18. Esta diminuição indica que as plantas *de V. unguiculata* são susceptíveis à toxicidade do Al, que é inibidora do crescimento das suas raízes.

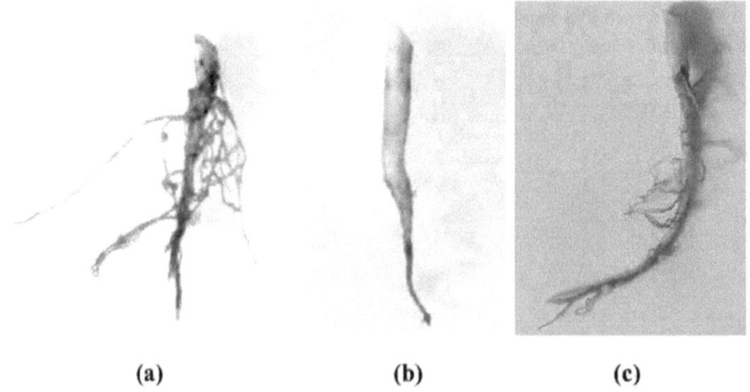

(a)   (b)   (c)

Figura:17 Raiz de *V.unguiculata*
(a) Controlo, (b) Stress de Al, (c) Remediação de Al

Tabela-7 Mudança semanal no comprimento da raiz de *V. unguiculata* sob stress de Al.

Treatments	Root length
C	5.58±0.56
1	4.97±0.61
2	4.31±0.68
3	3.31±0.54
4	2.84±0.57
5	2.01±0.53

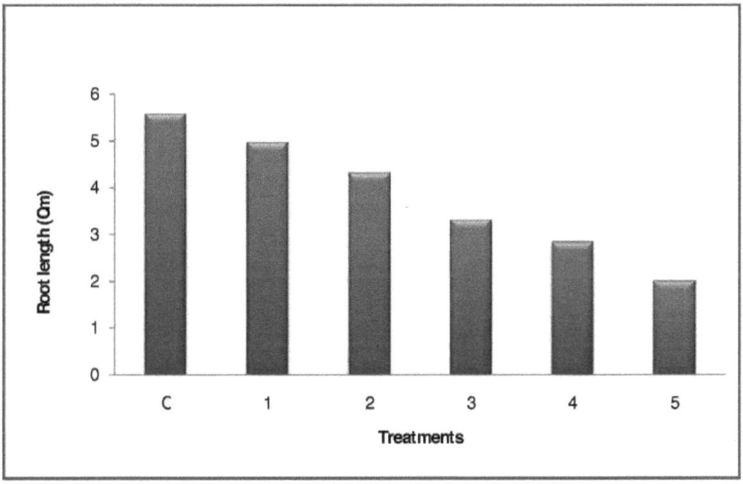

Figura-18 d. Comprimento da raiz de *V.unguiculata* quando cultivada em solos remediados com Al por

Variedades de *Pedilanthus*:

Após a fitorremediação com ambas as variedades de *Pedilanthus*, não houve diferença significativa no comprimento da raiz entre o controlo e todas as plantas tratadas de *V.unguiculata*, como se mostra na Tabela-8 e na Figura 19. Isso enfatiza a capacidade do *Pedilanthus* de reduzir o efeito da toxicidade do Al no comprimento da raiz de *V.unguiculata*.

Tabela-8 Mudança semanal no comprimento da raiz de *V.unguiculata* quando cultivada em solos remediados com Al por variedades *de Pedilanthus*

Treatments	Variety A soil	Variety B soil
C	4.58±1.65	4.28±0.80
1	4.97±0.94	4.14±1.92
2	4.09±0.27	3.99±0.28
3	4.31±1.20	4.91±1.25
4	4.84±0.76	4.08±0.72
5	4.81±0.16	4.14±0.66

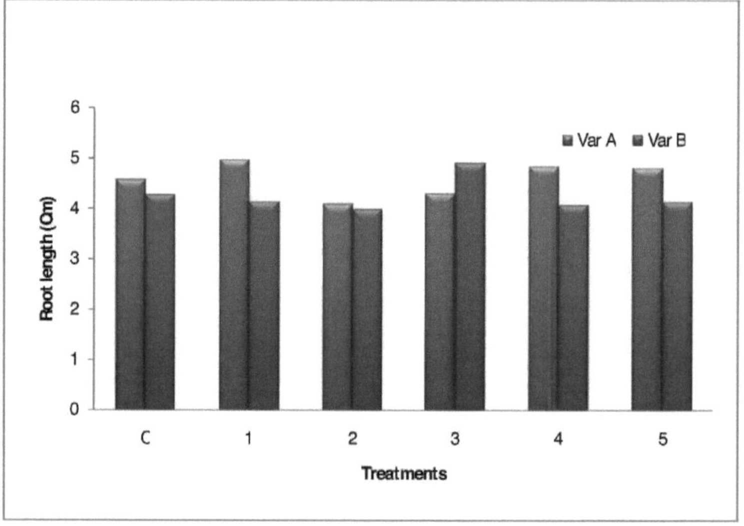

Figura-19 Mudança semanal no comprimento da raiz de *V.unguiculata* quando cultivada em solos remediados com Al por variedades *de Pedilanthus*

3. PIGMENTOS FOTOSSINTÉTICOS

Pigmentos fotossintéticos em *V. unguiculata* quando cultivada em solos remediados com Al por

Variedades de *Pedilanthus*

As diferenças entre os diferentes pigmentos i.e., clorofila a, clorofila b, conteúdo total de clorofila e carotenóides em todas as plantas tratadas não foram significativas como mostram as tabelas-9,10,11,12; Figuras-20,21,22 e 23. Isto indica que a capacidade fotossintética não é afetada em *V.uguiculata* cultivada em solos após fitoremediação com *Pedilanthus*.

Tabela-9: Teor de clorofila "a" em *V unguiculata* após cultivo em solo fitorremediado com Al

Treatments	Var. A	Var. B
C	1.79±0.07	1.32±0.08
1	1.26±0.09	1.48±0.02
2	1.30±0.10	1.23±0.10
3	1.16±0.02	1.44±0.04
4	1.22±0.06	1.30±0.07
5	1.38±0.04	1.60±0.06

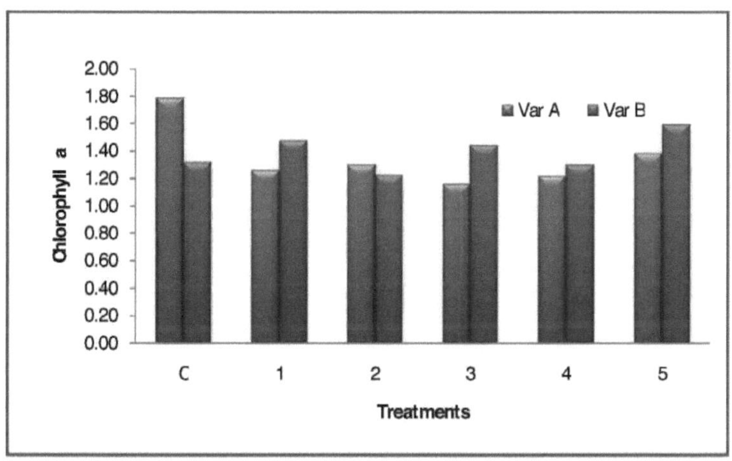

Figura-20 Teor de clorofila "a" de *V unguiculata* após cultivo em solo fitorremediado

Quadro-10: Teor de clorofila 'b' de *V. unguiculata* após cultivo em solo fitorremediado
com Al

Treatments	Variety A soil	Variety B soil
C	0.72±0.05	0.51±0.05
1	0.70±0.05	0.56±0.06
2	0.69±0.07	0.57±0.09
3	0.71±0.05	0.51±0.08
4	0.68±0.05	0.52±0.06
5	0.69±0.07	0.48±0.06

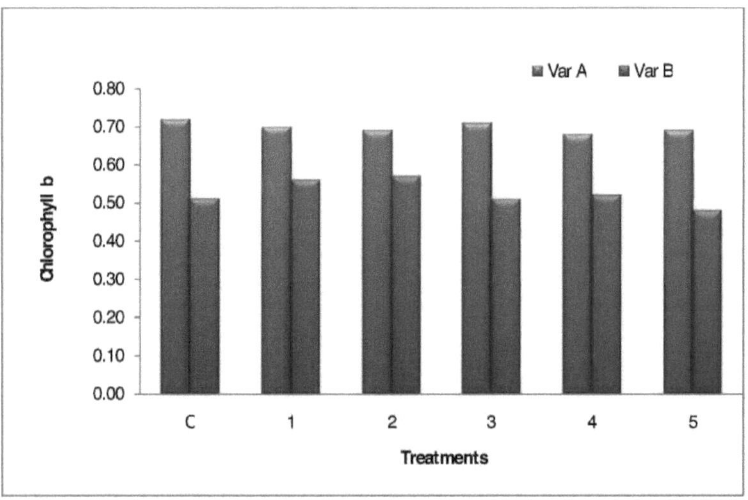

Figura 21: Teor de clorofila "b" da ervilha-de-corda após exposição a solo fitorremediado
com Al

Tabela-11: Teor de clorofila total de *V. unguiculata* após crescimento em solo fitorremediado com Al

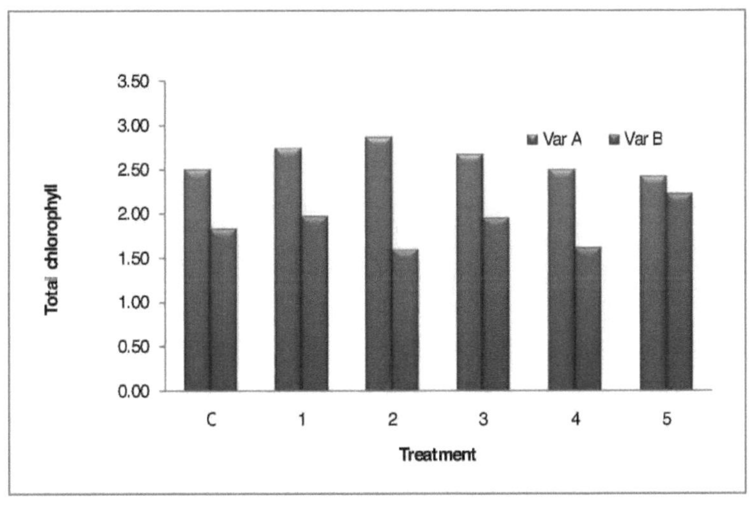

Treatments	Variety A soil	Variety B soil
C	2.51±0.11	1.83±0.05
1	2.75±0.14	1.97±0.08
2	2.86±0.03	1.60±0.04
3	2.67±0.05	1.95±0.12
4	2.50±0.01	1.61±0.13
5	2.42±0.03	1.22±0.02

Figura-22: Teor de clorofila total de *V.unguiculata* após crescimento em Al
Solo fitorremediado

Quadro-12: Teor de carotenóides de *V.unguiculata* após cultivo em Al

Solo fitorremediado

Treatments	Variety A soil	Variety B soil
C	0.0011±0.00002	0.0007±0.00001
1	0.0009±0.00001	0.0007±0.00005
2	0.0010±0.00002	0.0006±0.00003
3	0.0010±0.00003	0.0007±0.00043
4	0.0008±0.00001	0.0006±0.00001
5	0.0008±0.00002	0.0010±0.00002

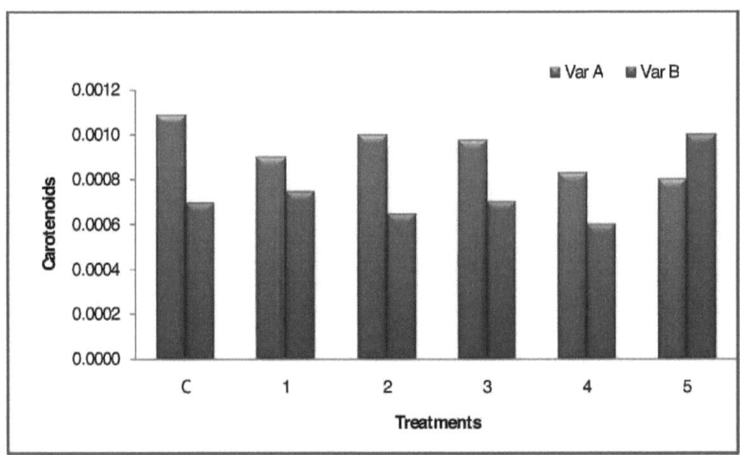

Figura-23 Teor de carotenóides de *V.unguiculata* após cultivo em solo fitorremediado com Al

4. TEOR PROTEICO

Teor proteico de *V.unguiculata* quando cultivada em solos remediados com Al

Não houve diferença significativa entre as plantas de controlo e as plantas tratadas no caso do conteúdo total de proteínas, como se mostra no Quadro-13 e na Figura-24. Isto indica que grande parte do stress do Al foi aliviado pelas duas variedades de *Pedilanthes* e, como resultado, pela *V. unguiculata*. É uma indicação de que as variedades de *Pedilanthes* têm um importante potencial de fitorremediação em relação ao Al.

Tabela-13: Teor de proteínas de *V.unguiculata* após o cultivo em solo fitorremediado com Al.

Treatments	Variety A soil	Variety B soil
C	594.25±3.56	572.68±3.83
1	583.89±4.08	572.99±5.72
2	580.16±5.96	568.55±3.09
3	582.49±3.59	583.68±3.87
4	587.34±3.80	577.76±4.05
5	585.78±3.25	574.94±3.22

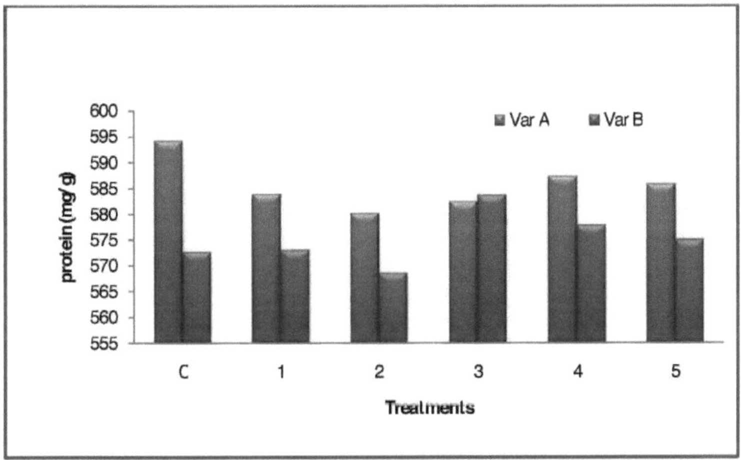

Figura-24 Teor de proteínas de *V. unguiculata* após cultivo em
solo fitorremediado com Al

5. TEOR DE PROLINA

Teor de prolina da *V.unguiculata* quando cultivada em solos remediados com Al

O quadro-14 e a figura-25 mostram que em todas as plantas tratadas não houve aumento do teor de prolina em comparação com as plantas de controlo. Uma vez que a acumulação de prolina é uma indicação de stress, os níveis relativamente baixos de prolina em todas as plantas tratadas apontam possivelmente para o facto de o nível de stress ter sido notavelmente reduzido.

Tabela-14 Teor de prolina de V.unguiculata após o cultivo em solo fitorremediado com Al.

Treatments	Variety A soil	Variety B soil
C	1.576±0.07	1.556±0.12
1	1.570±0.03	1.592±0.17
2	1.672±0.05	1.617±0.35
3	1.682±0.12	1.674±0.50
4	1.680±0.05	1.668±0.15
5	1.684±0.06	1.613±0.15

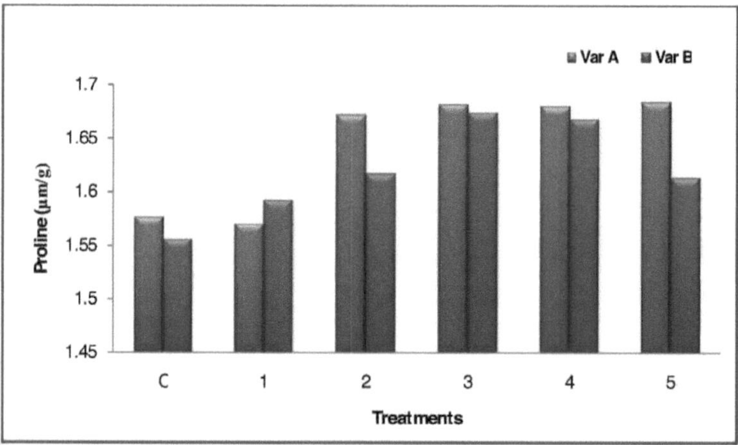

Figura-25 Teor de prolina de *V.unguiculata* após crescimento em solo fitorremediado com Al

DISCUSSÃO

O alumínio (Al) é o terceiro elemento metálico mais abundante no solo, depois do oxigénio e do silício. Está presente em grande parte sob a forma de minerais de aluminossilicato, pelo que quantidades muito pequenas aparecem na forma solúvel, capazes de afetar os sistemas biológicos (May e Nordstrom, 1991). A biodisponibilidade do Al para as plantas e a sua toxicidade são um dos principais obstáculos à produção vegetal em solos ácidos em todo o mundo. Quando o pH do solo desce abaixo de 5, os iões de Al^{3+} são libertados para o solo e entram nas células das pontas das raízes, impedindo o seu crescimento. Assim, o principal alvo do Al é a ponta da raiz. Provoca a inibição do alongamento e da divisão celular, conduzindo a um atraso no crescimento da raiz, acompanhado de uma redução da absorção de água e de nutrientes. Ao nível dos tecidos, a parte distal da zona de transição é mais sensível ao Al. Muitos componentes celulares estão implicados na toxicidade do Al, incluindo o ADN no núcleo, numerosos compostos do citoplasma, mitocôndrias, a membrana plasmática e a parede celular a nível celular e molecular.

Ambas as variedades de *Pedilanthus*, quando cultivadas em solos tratados com Al, não mostraram os efeitos acima referidos no seu sistema radicular. Este facto indica a tolerância das variedades *de Pedilanthus* à toxicidade do Al. Algumas espécies acumulam concentrações elevadas de Al e possuem mecanismos eficazes para desintoxicar o Al internamente. Taylor (1991) discute em pormenor uma série de mecanismos possíveis baseados nas propriedades das paredes celulares, nos efeitos do pH para reduzir a concentração de Al^{3+}, na compartimentação do Al, na exsudação de vários compostos e no desenvolvimento de proteínas resistentes ao Al.

No caso da *V. unguiculata* cultivada em solos tratados com Al, verificou-se uma diminuição gradual do comprimento da raiz de 1st para a concentração de 5th quando comparada com as plantas de controlo. Esta diminuição sugere que o Al é inibidor do crescimento da raiz. O Al induz a desregulação do ciclo celular nas fases mitótica e interfásica (Silva *et al.*, 2000). Foi relatada uma diminuição da atividade mitótica como consequência da exposição ao Al nas pontas das raízes de várias espécies de plantas, como o trigo (Frantzios *et al.*, 2001), o milho (Doncheva *et al.*, 2005 e Marienfeld *et al.*, 2005), a cevada (Budikova e K. Durcekova, 2004) e o feijão (Marienfeld *et al.*, 2005). Alguns autores argumentam que a inibição do alongamento celular foi o mecanismo primário que levou à inibição do crescimento da raiz (Ciamporova, 2002 e Zheng e Yang, 2005).

Após a fitorremediação com ambas as variedades de *Pedilanthus*, quase não houve diferença no comprimento da raiz entre o controlo e todas as plantas tratadas de *V.unguiculata, o que* implica a capacidade das variedades *de Pedilanthus* na fitorremediação do Al do solo.

Os mesmos resultados foram reflectidos no caso do crescimento dos rebentos. Isto pode ser naturalmente esperado, uma vez que o sistema radicular afecta diretamente o sistema de rebentos. Os efeitos/danos induzidos pelo Al são detectados primeiro no sistema radicular (Marienfeld *et al.,* 2000; Barcel e Poschenrieder, 2002). As alterações no sistema radicular podem afetar a absorção de nutrientes, o que pode levar a deficiências nutricionais nos rebentos e nas folhas (Moustakas *et al.,* 1996).

Após o cultivo de *Vigna* em solo remediado com Al, não se verificaram alterações significativas nos pigmentos fotossintéticos, como a clorofila a, a clorofila b, os carotenóides e o teor total de clorofila em todas as plantas tratadas e nas plantas de controlo. As respostas mais comuns das folhas à toxicidade do Al são a ondulação ou o enrolamento das folhas jovens, folhas pequenas e de cor verde escura, redução da abertura dos estomas, arroxeamento dos caules, diminuição da atividade fotossintética, amarelecimento e morte das pontas das folhas, clorose e necrose foliar (Bhalerao e Prabhu, 2103).

Mas os resultados aqui indicam que a capacidade fotossintética não é afetada em *V.uguiculata*. Isto deve-se à remediação eficaz do Al com variedades *de Pedilanthus*.

Também não houve diferença significativa no teor de prolina quando comparado com as plantas de controlo em *V.unguiculata* após o crescimento em solos remediados com *Pedilanthus*. Quando expostas a condições de stress, as plantas acumulam uma série de metabolitos, particularmente aminoácidos. Sabe-se que a acumulação de prolina ocorre sob défice hídrico (Hare *et al.*, 1998), salinidade (Munns 2005; Rhodes *et al.*, 2002), baixa temperatura (Naidu *et al.*, 1991) e também exposição a metais pesados (Bassi e Sharma 1993a e b; Schat *et al.*, 1997)

Assim, podemos dizer que *a V. unguiculata* cultivada em solos fitorremediados de ambas as variedades de *Pedilanthus* está livre do stress de Al. Isto realça mais uma vez o papel efetivo das variedades *de Pedilanthus* na remediação eficaz do Al dos solos.

À semelhança da prolina, também não houve diferença significativa entre as plantas de controlo e as plantas tratadas no caso do teor total de proteínas. O Al induz a síntese de uma série de proteínas em muitas espécies de plantas para combater o stress (Richards *et al.*, 1994). Os presentes resultados indicam que *a V.unguiculata* está livre do stress de Al, o que confirma o papel *das* variedades de *Pedilanthus* na remediação eficaz do Al dos solos.

CAPÍTULO 4
EFEITO DO ALUMÍNIO NA
ACTIVIDADE DE DESIDROGENASAE
DO SOLO E NA
DISPONIBILIDADE DE NUTRIENTES DO SOLO
VARIEDADES DE *PEDILANTHUS* E *V. UNGUICULATA*

INTRODUÇÃO

Este capítulo analisa a alteração das caraterísticas físico-químicas do solo no tratamento com Al para as variedades *Pedilanthus* e *V. unguiculata*. Os efeitos são avaliados através da análise quantitativa do pH do solo, da CE, da atividade da desidrogenase e dos nutrientes do solo das duas variedades de *Pedilanthus* e de *V. unguiculata* após a conclusão do período de crescimento.

MATERIAIS E MÉTODOS

1. pH do solo

O pH das amostras de solo foi determinado numa suspensão de solo e água 1:2,5 utilizando o medidor de pH digital Elico-Digisun (Jackson, 1973). Colocaram-se 20 g de solo num copo de 100 ml, adicionaram-se 40 ml de água destilada e agitou-se. O medidor de pH é calibrado utilizando um tampão ácido e outro alcalino e inserindo cuidadosamente o elétrodo combinado na suspensão para medir o pH.

2. CONDUTIVIDADE ELÉCTRICA (EC)

A condutividade eléctrica das amostras de solo foi determinada numa suspensão de solo e água 1:2,5 utilizando a ponte de condutividade systronics 305 (Jackson, 1973). As amostras de solo de 20 g foram colocadas num copo de 100 ml e foram adicionados 40 ml de água destilada e agitados intermitentemente durante uma hora. Deixar repousar até se obter um líquido sobrenadante claro para medir a condutividade eléctrica. A medição da CE é efectuada em dSm⁻¹.

Calibrar a ponte de condutividade com a ajuda de uma solução padrão de KCl e determinar a constante de célula.

3. ACTIVIDADE DE DESIDROGENASE DO SOLO

A atividade da desidrogenase do solo foi estimada por (Tatabai, 1982). 1g de amostra de solo foi colocada num tubo de ensaio com tampa. Adicionou-se 0,5 ml de glucose a 1% e 0,2 ml de TTC a 3% e o tubo de ensaio foi novamente tapado (fechar a tampa do tubo de ensaio).

Incubar a suspensão a 30 °C na incubadora durante 24 horas e, em seguida, adicionar 10 ml de metal, agitar bem e manter no frigorífico durante 3 horas e efetuar a leitura a 485 nm

4.   NUTRIENTES DO SOLO

a.   PREVISÃO DO NITROGÉNIO DISPONÍVEL

O azoto disponível foi estimado pelo método do permanganato de potássio alcalino, tal como descrito por (Subbaiah e Asija1956). Foram colocados 50 g de amostra de solo num tubo de macrodestilação e adicionados 35 ml de 0,32% $KMnO_4$ e ligados à unidade de destilação. 20 ml de ácido bórico a 2% contendo indicador misto foram introduzidos num frasco cónico de 150 ml, mergulhando a extremidade do tubo recetor no ácido bórico e adicionando novamente 35 ml de NaOH a 25%. Adiciona-se 35 ml de NaOH e titula-se com 0,02 N $H_2 SO_4$ até ao aparecimento da tonalidade rosa. Efetuar um ensaio em branco sem amostra de solo.

$$(g/Kg) = \frac{S - B \times 0.02 \times 0.014 \times 2.24 \times 10^6}{\text{Weight of the soil sample}}$$

Em que S & B são a amostra e o branco, respetivamente

b.   ESTIMAÇÃO DO CARBONO ORGÂNICO

O teor de carbono orgânico das amostras de solo peneiradas de 0,2 mm foi estimado pelo método de oxidação húmida (Walkley e Black, 1934). 1g de solo peneirado de 0,2mm foi colocado num frasco cónico de 500ml e foram adicionados 10ml de 1N $K_2 Cr_2 O?$ e 20ml de conc $H_2 SO_4$ e agitado. Manter o frasco cónico no escuro durante 30 minutos. Adicionam-se novamente 200 ml de água destilada, 10 ml de ácido ortofosfórico e 1 ml de indicador difenilamina e titula-se com solução de sulfato de amónio ferroso até a cor mudar de azul-violeta para verde. O ensaio em branco é efectuado sem amostra de solo

$$\% \text{Organic carbon} = \frac{10(B - T)}{B} \times \frac{0.3}{\text{Weight of soil}}$$

Onde,

B é o volume (ml) de solução de sulfato ferroso de amónio necessário para a titulação em branco

T é o volume de sulfato ferroso de amónio necessário para a amostra de solo

c. ESTIMATIVA DO FÓSFORO DISPONÍVEL NOS SOLOS

O fósforo disponível no solo foi estimado por (Olsen *et al*, 1954) utilizando o espetrofotómetro (Jasco V-530 UV-Visible spectrophotometer) a 660nm de comprimento de onda. Adiciona-se 5 ml de uma alíquota do extrato de Olsen a um balão volumétrico de 25 ml e acidifica-se cuidadosamente com 5N $H_4 SO_4$ até PH5 (a cor amarela desaparece) e dilui-se o conteúdo a 2 ml com água destilada e adiciona-se 4 ml de ácido ascórbico e agita-se. Efetuar a leitura a 660nm.

$$P = \frac{X \times V_c \times V_e}{V_f \times W}$$

X = p concentração da solução corada

Vc = Volume da solução corada

Ve = volume de extrato obtido

Vf = volume de extrato obtido

W = Peso do solo recolhido

RESULTADOS

1. **pH do solo**

a. **pH do solo após fitorremediação com variedades *de Pedilanthus***

O pH do solo foi alterado de ácido para neutro em todos os grupos tratados após a fitoremediação com variedades de *Pedilanthus* Quadro-1 e Figura-1. Isto mostra mais uma vez que ambas as variedades de *Pedilanthus* são capazes de restaurar o pH para uma gama neutra, absorvendo o Al do solo. Os dados da ANOVA revelaram que a var A é mais eficaz na restauração do PH do solo quando comparada com a var B (Tabela-2).

Tabela-1 pH do solo após fitorremediação com variedades *de Pedilanthus*

Treatments	pH	
	Var. A	Var. B
C	6.68±0.04	6.62±0.05
1	7.75±0.03	7.56±0.02
2	7.53±0.11	7.65±0.05
3	7.53±00.07	7.59±0.04
4	7.44±0.12	7.52±0.04
5	7.46±0.11	7.18±0.08

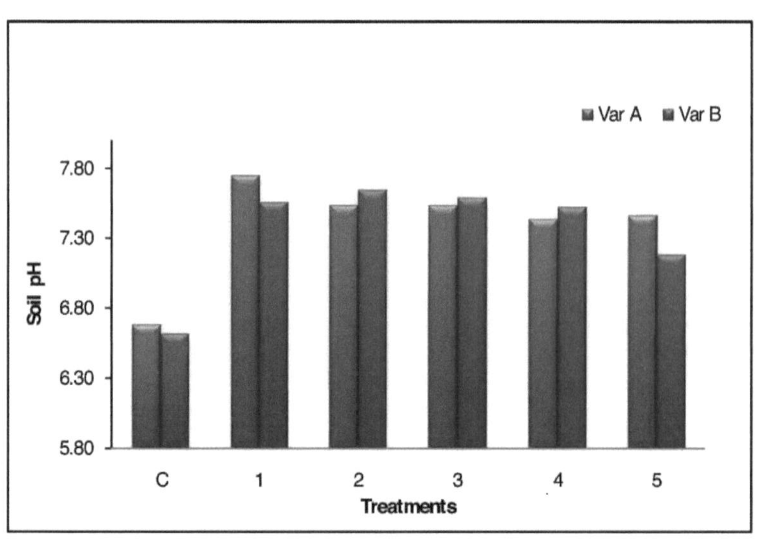

Figura-1: pH do solo após fitorremediação com variedades *de Pedilanthus*

Quadro-2 Análise de variância do pH do solo com duas variedades *de Pedilanthus*

Source of variation	Degree of freedom	Sum of squares	Mean squares	Computed f	Significance
Replication	2	0.1399	0.06995	9.63	ns
Varieties	1	0.00329	0.00329	0.454	ns
Error a	2	0.0145	0.0072		
Concentration of Aluminium	5	0.620	0.124	12.579	**
Error b	10	0.0986	0.0986		
Interaction between Varieties and concentration of Aluminium	5	0.129	0.0258	3.059	*
Error c	10	0.0843	0.0843		
Total	35	2043.076			

b. **pH do solo após o cultivo de *V. unguiculata* em solo remediado com *Pedilanthus***

Quando *a V. unguiculata é* cultivada em solos fitorremediados de variedades *de Pedilanthus*, não se verificou qualquer alteração no pH das plantas tratadas quando comparado com o das plantas de controlo. Isto revela claramente o papel das variedades de *Pedilanthus* na restauração do pH do solo para uma gama neutra, facilitando assim o crescimento de *V. unguiculata*, como se mostra no Quadro-3 e na Figura-2.

Tabela-3 pH do solo após o cultivo de *V. unguiculata* em solo remediado com *Pedilanthus*

Treatments	pH	
	Var. A	Var. B
Control	6.00±0.05	6.00±0.04
1	7.53±0.02	7.76±0.07
2	7.62±0.05	7.72±0.03
3	7.68±0.04	7.63±0.08
4	7.55±0.08	7.59±0.04
5	7.72±0.05	7.71±0.06

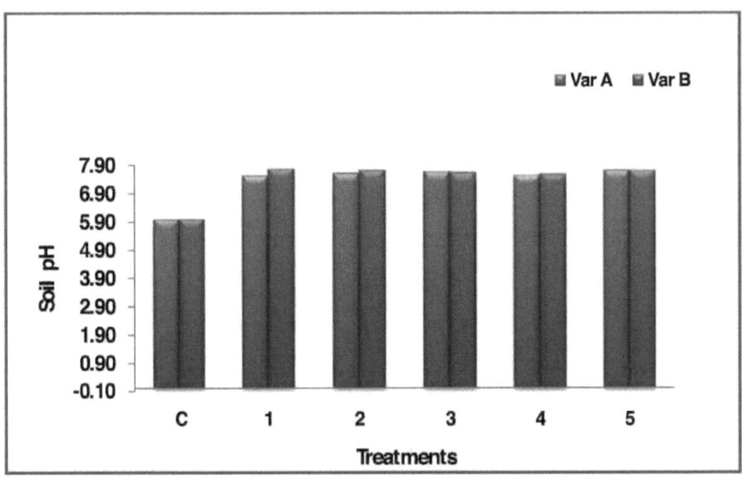

Figura-2: pH do solo após o cultivo de *V. unguiculata* em solos remediados com *Pedilathus*

Quadro 4: Resultados da análise de variância do pH do solo após o cultivo de *V. unguiculata* em

Solo remediado *de Pedilanthus*

Source of variation	Degree of freedom	Sum of squares	Mean squares	Computed f	Significance
Replication	2	0.013525	0.00567627	3	ns
Varieties	1	0.03259277	0.03259277	17.22581	ns
Error a	2	0.00378418	0.00189209		
Concentration of Aluminium	5	13.19946	2.639893	766.8794	**
Error b	10	0.03442383	0.03442383		
Interaction between Varieties and concentration of Aluminium	5	0.03442483	0.006884766	1.855263	ns
Error c	10	0.03710938	0.003710938		

2. SOLO CE

a. CE após fitorremediação com variedades de *Pedilanthus*

A CE do solo aumentou significativamente a partir da concentração de 1st até à concentração de 5th , como se mostra no Quadro-5 e na Figura-3. Isto reflecte a elevada disponibilidade de iões de Al em solos tratados com concentrações elevadas de Al, o que poderia ser naturalmente esperado. Os dados da ANOVA revelaram que o aumento da CE é significativamente mais elevado na var A do que na var B. Quadro 6

Quadro-5 CE após fitorremediação com variedades de *Pedilanthus*

Treatments	EC	
	Var. A	Var. B
C	0.38±0.03	0.46±0.07
1	0.43±0.03	0.49±0.01
2	0.53±0.02	0.42±0.03
3	0.55±0.01	0.59±0.06
4	0.57±0.02	0.65±0.03
5	0.63±0.03	0.64±0.02

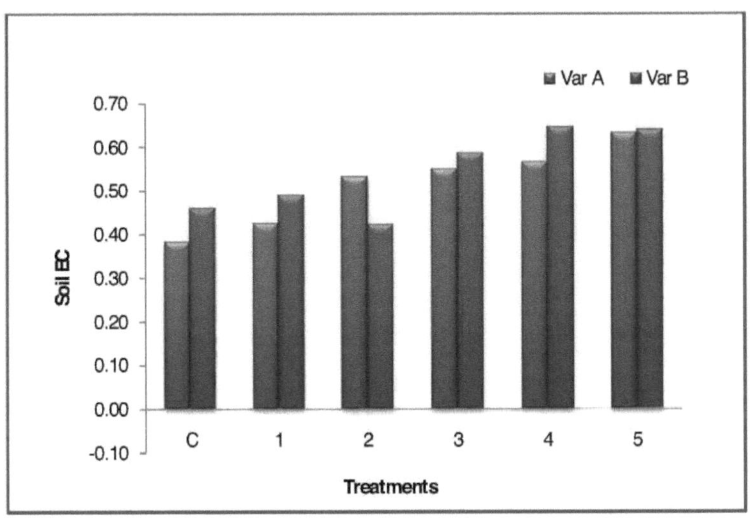

Figura-3: CE após fitorremediação com variedades de *Pedilanthus*

Tabela-6 Análise de variância dos resultados da CE do solo com duas variedades de *Pedilanto*

Source of variation	Degree of freedom	Sum of squares	Mean squares	Computed f	Significance
Replication	2	0.00281	0.00140	3.360	ns
Varieties	1	0.00587	0.00587	14.025	ns
Error a	2	0.00083	0.00041		
Concentration of Aluminium	5	0.229	0.0459	47.399	**
Error b	10	0.00968	0.000968		
Interaction between Varieties and concentration of Aluminium	5	0.0387	0.00775	5.314	*
Error c	10	0.0145	0.00145		
Total	35	10.351			

b. CE após o cultivo de *V. unguiculata* em solos remediados com *Pedilanthus*.

Após o cultivo de *V. unguiculata* em *Pedilanthus*. Isto implica que o número de iões A13+ é igual ao do controlo nas plantas tratadas Quadro 7 e Figura 4.

Quadro-7 CE após o cultivo de *V unguiculata* em variedades remediadas *de Pedilanthus*.

Treatments	EC	
	Var. A	**Var. B**
Control	0.44±0.02	0.42±0.02
1	0.42±0.01	0.43±0.02
2	0.42±0.04	0.44±0.02
3	0.48±0.03	0.46±0.03
4	0.49±0.03	0.48±0.03
5	0.49±0.02	0.49±0.02

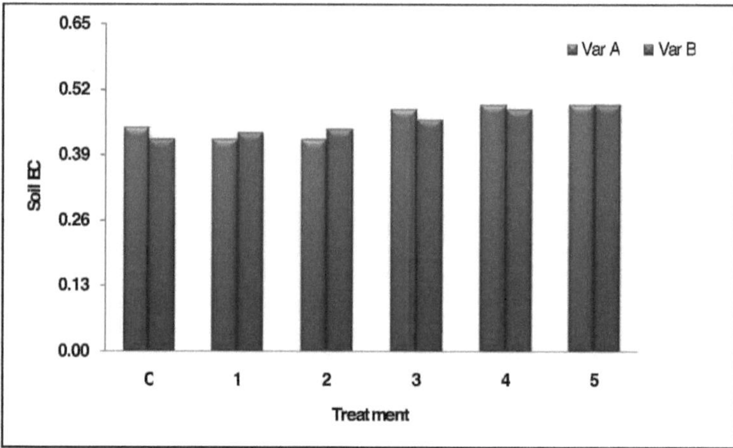

Figura-4: CE do solo após o cultivo de *V. unguiculata* em solos remediados com *Pedilanthus*

Tabela-8 Análise de variância dos resultados da CE do solo após o cultivo de *V. unguiculata* em solos remediados com *Pedilanthus*.

Source of variation	Degree of freedom	Sum of squares	Mean squares	Computed f	Significance
Replication	2	0.010	0.005	10.804	ns
Varieties	1	0.003	0.003	7.252	ns
Error a	2	0.0009	0.0004		
Concentration of Aluminium	5	0.217	0.043	78.493	**
Error b	10	0.00553	0.00055		
Interaction between Varieties and concentration of Aluminium	5	0.014	0.0028	5.270	*
Error c	10	0.005	0.0005		
Total	35	9.753			

3. ACTIVIDADE DE DESIDROGENASE

a. Atividade da desidrogenase em solos fitorremediados com *Pedilanthus* variedades

Em todos os grupos tratados, a atividade da desidrogenase aumentou significativamente nos solos fitorremediados de ambas as variedades de *Pedilanthus*. O Quadro-9 e a Figura-5 indicam-nos até que ponto as variedades de *Pedilanthus* podem contrariar o risco de toxicidade do Al para os micróbios do solo. Os dados da ANOVA revelaram que a var A é mais eficaz no combate à toxicidade do Al contra os micróbios do solo quando comparada com a var B, como se mostra na Tabela-10.

Quadro-9 Atividade da desidrogenase em solos fitorremediados com variedades *de Pedilanthus*

Treatments	Var. A	Var. B
C	12.96±0.21	12.16±0.55
1	14.41±0.70	16.07±0.68
2	16.22±0.46	15.61±0.33
3	16.57±0.36	15.66±0.38
4	17.88±0.43	17.36±0.33
5	18.54±0.18	17.54±0.35

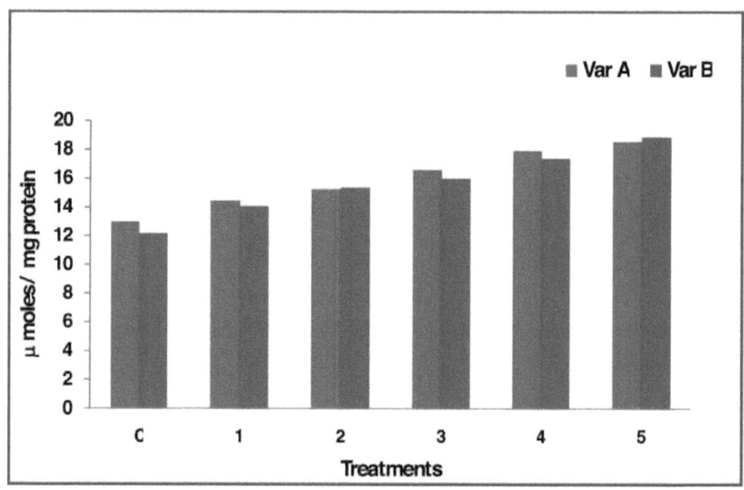

Figura-5: Atividade da desidrogenase no solo fitorremediado com *Pedilanthus*

Quadro-10 Resultados da análise de variância da atividade da desidrogenase no solo remediado com duas variedades de _Pedilanthus_

Source of variation	Degree of freedom	Sum of squares	Mean squares	Computed f	Significance
Replication	2	0.384	0.192	0.503	ns
Varieties	1	0.0078	0.0078	0.020	ns
Error a	2	0.763	0.382		
Concentration of Aluminium	5	0.763	0.381	58.220	**
Error b	10	2.507	0.251		
Interaction between Varieties and concentration of Aluminium	5	16.758	3.351	29.434	**
Error c	10	1.139	0.114		
Total	35	9410.345			

b.   Atividade da desidrogenase em solos remediados com _Pedilanthus_ após o crescimento V.

unguiculata.

Não se verificou uma diminuição significativa da atividade da desidrogenase dos micróbios do solo em todas as plantas tratadas, quando comparadas com as plantas de controlo, como se mostra no quadro 11 e na figura 6.

Quadro-11 Atividade da desidrogenase em solos remediados com _Pedilanthus_ após o cultivo de _V. unguiculata._

Treatments	Var. A	Var. B
C	14.52±0.54	15.62±0.13
1	14.89±0.44	15.62±0.22
2	14.85±0.29	15.79±0.24
3	13.04±0.46	15.24±0.55
4	14.60±0.27	15.86±0.34
5	14.85±0.26	15.87±0.23

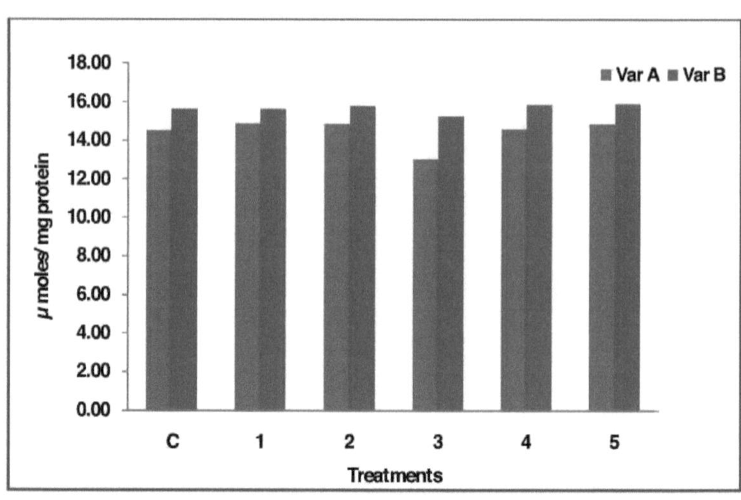

Figura-6: Atividade da desidrogenase no solo remediado *de Pedilanthus* após o crescimento

V.unguiculata

Quadro-12: Resultados da análise de variância da atividade da desidrogenase no solo remediado *com Pedilanthes* após o cultivo de *V unguiculata*

Source of variation	Degree of freedom	Sum of squares	Mean squares	Computed f	Significance
Replication	2	0.008300781	0.004150391	1.7	ns
Varieties	1	13.26172	13.26172	5432	**
Error a	2	0.00488281	0.002441406		
Concentration of Aluminium	5	6.606446	1.321289	644.2858	**
Error b	10	0.02050781	0.002050781		
Interaction between Varieties and concentration of Aluminium	5	1.813477	0.3626953	165.0667	**
Error c	10	0.02197266	0.002197266		

4. NUTRIENTES DO SOLO

a. **Quantidade de nutrientes no solo quando as variedades de *Pedilanthus* são cultivadas em solos tratados com Al**

No caso das variedades de *Pedilanthus*, os nutrientes do solo como o carbono, o azoto e o fósforo diminuíram significativamente em todas as plantas tratadas para ambas as variedades, quando comparadas com as plantas de controlo, como se mostra no Quadro-13 e na Figura 7,8,9. Isto indica claramente que há um aumento da utilização destes nutrientes pelas plantas tratadas no processo de combate à tolerância ao Al.

Quadro-13 Quantidade de nutrientes do solo quando as variedades de *Pedilanthus* são cultivadas em solos tratados com Al

Treatments	% Organic Carbon		Nitrogen (g/kg)		Phosphorous (ppm)	
	Var. A	Var. B	Var. A	Var. B	Var. A	Var. B
C	0.56±0.02	0.58±0.02	0.13±0.004	0.13±0.004	12.00±1.00	13.33±2.52
1	0.48±0.02	0.52±0.01	0.12±0.005	0.12±0.001	10.33±1.53	11.00±2.00
2	0.42±0.03	0.46±0.02	0.11±0.003	0.12±0.003	9.33±0.58	9.33±0.58
3	0.38±0.01	0.42±0.04	0.11±0.004	0.11±0.006	4.33±0.58	4.00±1.00
4	0.35±0.01	0.38±0.02	0.10±0.002	0.10±0.002	4.33±0.58	4.33±1.15
5	0.31±0.01	0.33±0.02	0.9±0.002	0.9±0.004	3.33±0.58	3.33±0.58

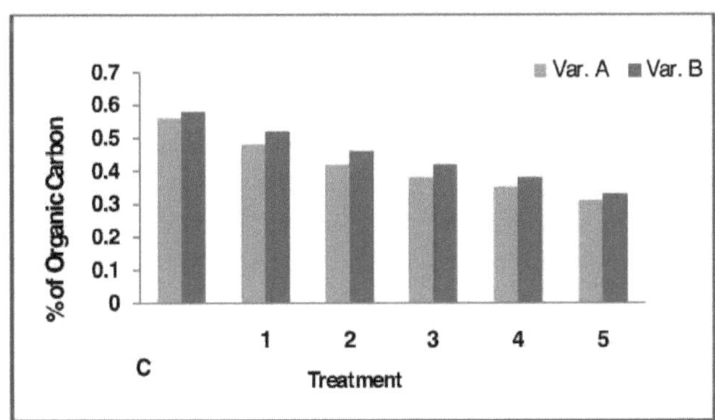

Figura-7: % de carbono orgânico no solo fitorremediado com *Pedilanthus*

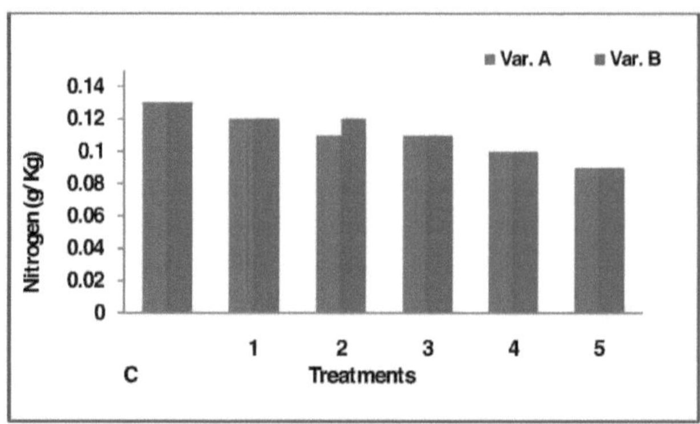

Figura-8: Azoto (g/kg) no solo fitorremediado com *Pedilanthus*

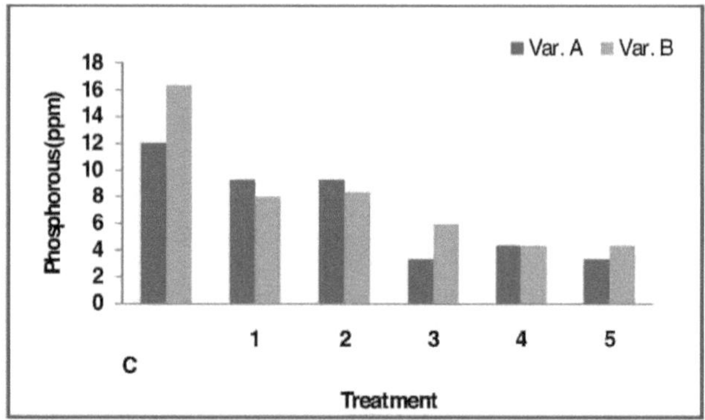

Figura-9: Fósforo (ppm) no solo fitorremediado com *Pedilanthus*

b.   Quantidade de nutrientes do solo quando *V. ungucuilata é cultivada em solos tratados com Al.*

No caso da *V. unguiculata,* verificou-se um aumento significativo dos nutrientes do solo, como o carbono, o azoto e o fósforo, em todas as plantas tratadas, quando comparadas com as plantas de controlo, como se mostra no quadro 14 e nas figuras 10, 11 e 12.

Tabela-14 Quantidade de nutrientes do solo quando V.ungucuilata é cultivada em solos tratados com Al.

Treatments	% Organic Carbon	Nitrogen (g/Kg)	Phosphorus (ppm)
C	0.44±0.02	0.13±0.004	12.00±1.00
1	0.49±0.02	0.18±0.005	12.33±1.53
2	0.50±0.03	0.20±0.003	14.33±0.58
3	0.54±0.01	0.24±0.004	18.33±0.58
4	0.59±0.01	0.26±0.002	20.33±0.58
5	0.62±0.01	0.30±0.002	23.33±0.58
6	0.64±0.02	0.32±0.004	26.00±1.00

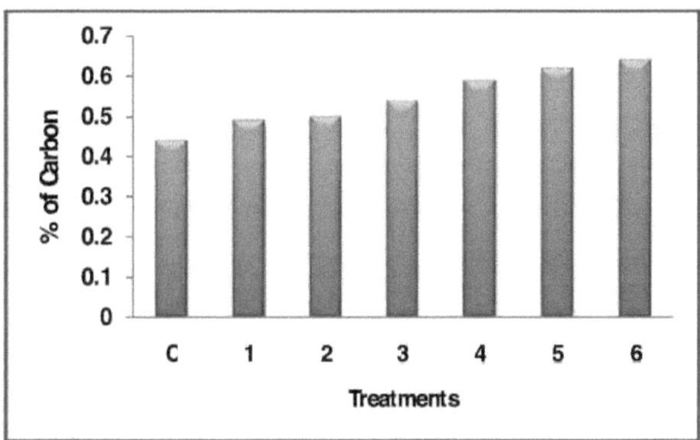

Figuras-10: % de carbono orgânico em solos tratados com Al após o cultivo de *V.unguiculata*

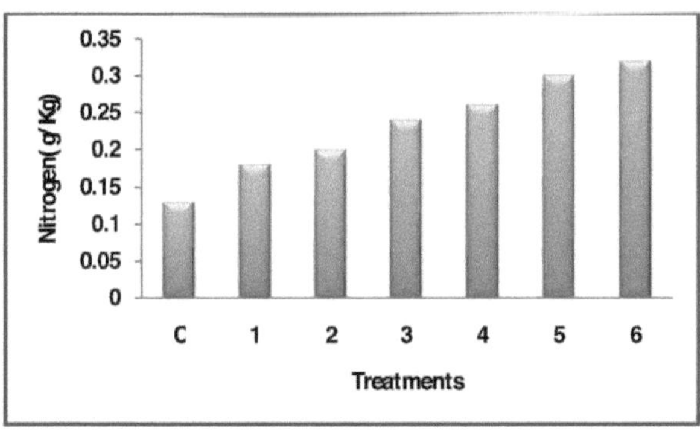

Figuras-11: Azoto (g/Kg) em solos tratados com Al após o cultivo de V.unguiculata

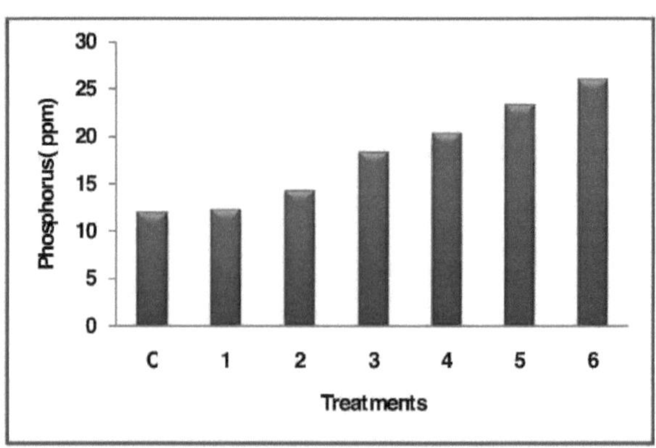

Figura-12: Fósforo (ppm) no solo tratado com Al após o cultivo de *V. unguiculata*

c.   Quantidade de nutrientes do solo quando *V.ungucuilata é cultivada em solos remediados com Al por*
Variedades de *Pedilanthus*

Após a fitorremediação, quando *V. unguiculata* é cultivada, não houve diferença significativa nos nutrientes do solo entre o controlo e todas as plantas tratadas para ambas as variedades, como mostrado na Tabela-15 e na Figura 13,14 e 15. Este facto realça a eficiência das variedades de *Pedilanthus* na remediação do Al do solo.

Tabela-15 Quantidade de nutrientes do solo quando *V.ungucuilata é cultivada em solos remediados com Al por* variedades *de Pedilanthus*.

Treatments	% Org anic Carbon		Nitrogen (g/kg)		Phosphorous (ppm)	
	Var. A	Var. B	Var. A	Var. B	Var. A	Var. B
C	0.44±0.04	0.35±0.01	0.13±0.05	0.12±0.03	7.78±1.95	9.00±1.22
1	0.42±0.01	0.38±0.01	0.11±0.02	0.11±0.03	7.07±1.60	9.33±1.34
2	0.42±0.03	0.40±0.01	0.11±0.02	0.12±0.01	7.83±1.81	9.00±1.32
3	0.40±0.02	0.43±0.05	0.12±0.03	0.11±0.03	6.67±1.05	8.97±1.24
4	0.41±0.02	0.42±0.04	0.12±0.01	0.11±0.01	6.00±1.58	9.33±1.27
5	0.40±0.02	0.40±0.01	0.11±0.04	0.12±0.01	6.33±1.47	9.00±1.22

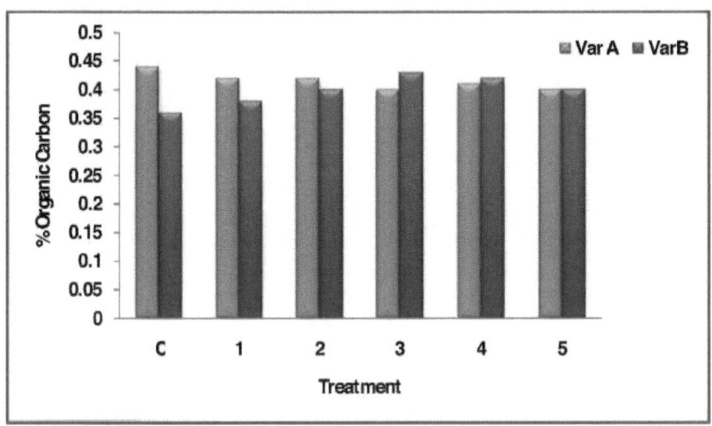

Figura-13: % de carbono orgânico quando *V.ungucuilata* é cultivada em solos remediados com Al por variedades *de Pedilanthus*

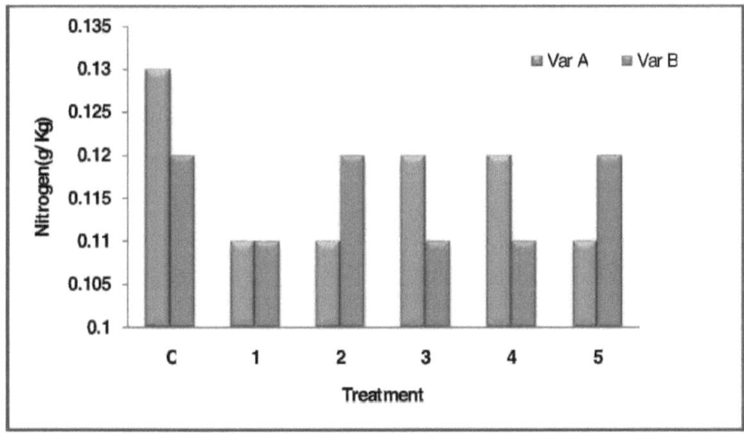

Figura 14: Nitrogénio (g/Kg) quando *V.ungucuilata* é cultivada em solos remediados com Al

por variedades de *Pedilanthus*

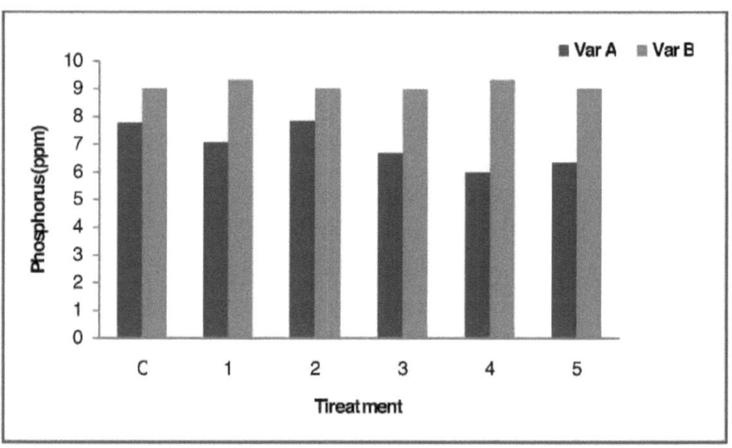

Figura 15: Fósforo (ppm) quando *V.ungucuilata* é cultivada em solos remediados com Al por variedades *de Pedilanthus*

DISCUSSÃO

A toxicidade do alumínio depende do pH. Embora seja o terceiro elemento metálico mais abundante no solo, só fica disponível para as plantas quando o pH do solo desce abaixo de 5,5. Sob pH neutro, o alumínio está na forma de $Al(OH)_3$, também conhecido como gibbsita, não é solúvel e é considerado não fitotóxico. No entanto, à medida que o pH diminui de cerca de 6,5 para 4,0, o alumínio é dissolvido e torna-se solúvel.

Considera-se que as formas mais tóxicas de alumínio são $[Al(H_2O)]_6^{3+}$, comummente designada por Al^{3+} comummente designada por Al_{13}, a última das quais se forma quando o rácio entre o alumínio e os iões de hidrónio se eleva acima de 108,8. No entanto, desconhece-se atualmente se esta última forma de alumínio ocorre na natureza. $Al(OH)^{3+}$ e $Al(OH)^{2+}$ também são tóxicas, mas não são consideradas tão tóxicas como as formas acima referidas (Kochian 2005).

No presente estudo, o PH do solo foi alterado de ácido para neutro em todos os grupos tratados, reduzindo o risco de toxicidade do Al após a fitoremediação com variedades *de Pedilanthus*. Isto pode dever-se à absorção de Al pelo *Pedilanthus*. Os dados da ANOVA revelaram que *o Pedilanthus* var. A é mais eficaz na alteração do pH quando comparado com a var. B.

Quando *a V. unguiculata* é cultivada em solos fitorremediados de variedades *de Pedilanthus*, não se verificou qualquer alteração no pH das plantas tratadas quando comparado com o das plantas de controlo. Isto reafirma o papel *das* variedades de *Pedilanthus* na restauração do pH do solo para uma gama neutra, facilitando assim o crescimento de *V. unguiculata.*

A CE de uma solução é uma medida da capacidade da solução para conduzir eletricidade. Quando os iões (sais) estão presentes, a CE da solução aumenta. Se não estiverem presentes sais, o CE é baixo, indicando que a solução não conduz bem a eletricidade.

No nosso estudo, a CE do solo aumentou significativamente da concentração de 1st para a concentração de 5th. Isto reflecte a elevada disponibilidade de iões de Al em solos tratados com concentrações elevadas de Al, o que poderia ser naturalmente esperado. Além disso, o aumento da CE é significativamente elevado na variedade A de *Pedilanthus* quando comparado com a variedade B de *Pedilanthus.*

Após o cultivo de *V. unguiculata* em solos fitorremediados com *Pedilanthus*, não houve diferença significativa nos valores de CE. Isto implica que os números de iões Al^{3+} são iguais aos do controlo nas plantas tratadas.

O pH do solo afecta diretamente a atividade dos micróbios do solo. A investigação, conduzida na ausência de toxicidade de Al, mostrou que uma vez que o pH do solo tenha diminuído para 4,7 ou menos, a capacidade dos micróbios para converter o azoto é grandemente reduzida. Se o Al estiver presente, tanto a atividade simbiótica microbiana como o metabolismo normal da planta são afectados negativamente (Métodos de análise do solo. Parte 3)

No presente estudo, verificou-se um aumento significativo da atividade da desidrogenase em todas as plantas tratadas, quando comparadas com as plantas de controlo. Isto indica-nos até que ponto as variedades de *Pedilanthus* podem contrariar o risco de baixo PH e a toxicidade do Al contra os micróbios do solo. Os dados da ANOVA indicam que a var. A é mais eficaz no combate à toxicidade do Al contra os micróbios do solo quando comparada com a var. B.

Quando *V. unguiculata* foi cultivada em solos remediados com *Pedlilanthus*, não se verificou uma diminuição significativa da atividade de desidrogenase dos micróbios do solo em todas as plantas tratadas, quando comparadas com as plantas de controlo. Isto deve-se ao pH neutro e à ausência de Al solúvel no solo após a fitoremediação com variedades *de Pedilanthus.*

Está bem estabelecido que o Al interfere na nutrição mineral, em especial na nutrição das plantas com nitratos (Calba e Jaillard, 1997). (Rufty *et al*, 1950) mostraram que a absorção de NO^{3-} pela soja diminuía quando a concentração de Al na solução aumentava de 10 para 50 mm.(Keltjens, 1988) indicou que o Al aumentava a absorção de amónio e a libertação de H+ em cultivares de sorgo sensíveis ao Al. (Grauer e Horst, 1990) observaram que a absorção de nitratos no tremoço, que aumentava o pH no ambiente radicular, agravava paradoxalmente o efeito depressivo do Al no crescimento radicular.(Keltjens, 1988) observou que o Al estimulava a absorção de NH_4^+ tanto em cultivares de sorgo tolerantes como sensíveis ao Al.

Bennet *et al.* (1985) registaram a toxicidade do alumínio em *Zea mays* e observaram distúrbios de nutrientes envolvendo a absorção e o transporte de P, K, Ca e Mg. O transporte de fósforo entre as raízes e os rebentos diminuiu com o aumento da concentração de Al nas raízes. O alumínio alterou as concentrações de Ca e Mg nas plantas, que estavam principalmente ligadas à absorção e ao transporte. Foi registada uma correlação positiva entre o P e o Al nas raízes do sorgo (Ohki, 1987). O fraco crescimento das plantas com toxicidade de Al resultou da falta de fósforo (Ligon, 1932).

No caso das variedades *Pedilanthus*, os nutrientes do solo como o carbono, o azoto e o fósforo diminuíram significativamente em todas as plantas tratadas para ambas as variedades quando comparadas com as plantas de controlo. Isto indica claramente que há um aumento da utilização destes nutrientes pelas plantas tratadas após a fitoremediação.

No caso da *V. unguiculata cultivada em* solos tratados *com Al,* verificou-se um aumento significativo dos nutrientes do solo, como o carbono, o azoto e o fósforo, em todas as plantas tratadas, quando comparadas com as plantas de controlo. Isto indica claramente danos extensos nas raízes que resultaram numa absorção limitada de água e nutrientes minerais (Barcelo e Poschenrieder, 2002).

Após a fitorremediação, quando *V. unguiculata* é cultivada, não houve diferença significativa nos nutrientes do solo entre o controlo e todas as plantas tratadas para ambas as variedades   .   *variedades de Pedilanthus*   em remediação do Al do solo.

CAPÍTULO 5

POTENCIAL DE FITORREMEDIAÇÃO DO ALUMÍNIO POR DUAS VARIEDADES DE *PEDILANTHUS*

INTRODUÇÃO

Este capítulo trata da análise quantitativa do alumínio nas variedades *pedilanthus* e *V. unguiculata* e no solo após a conclusão do período de crescimento.

MATERIAIS E MÉTODOS

ESPECTROMETRIA DE EMISSÃO ÓPTICA COM PLASMA INDUTIVAMENTE ACOPLADO (ICPOES)

Preparação da amostra pelo método de digestão por micro-ondas

A preparação das amostras de plantas e de solo foi efectuada por um sistema de digestão por micro-ondas (CEM corporation ltd.). Cerca de 1 g (massa seca) da amostra foi pesada diretamente nos recipientes de PTFE, aos quais foram adicionados 10 ml de HNO3 concentrado e os recipientes foram imediatamente tapados. O programa de digestão consistiu num tempo de rampa de 10 min para atingir 150 C e um tempo de permanência de 10 min a 150^0 C. A potência foi de 800 W. Após a conclusão do programa, os recipientes foram arrefecidos, ventilados e abertos, tendo sido adicionados 2 ml de H2O2 a 30% e filtradas as soluções para balões volumétricos de 25 ml e completadas com água bidestilada. Os ensaios em branco foram preparados seguindo um procedimento de digestão semelhante, sem amostras de plantas ou de solo.

Estas amostras digeridas (planta ou solo) foram submetidas à quantificação de Al e de outros nutrientes do solo por ICPOES.

Quando a energia do plasma é fornecida a uma amostra de análise (planta/solo) a partir do exterior, os elementos componentes (átomos) são excitados. Este plasma tem uma elevada densidade de electrões e temperatura. Quando os átomos excitados regressam à posição de baixa energia, são libertados raios de emissão (raios do espetro) e é medido o raio de emissão que corresponde ao comprimento de onda do fotão. O tipo de elemento é determinado com base na posição dos raios de fotões, e o conteúdo de cada elemento é determinado com base na intensidade do raio. As amostras de solução são introduzidas no plasma num estado atomizado através do tubo estreito no centro do tubo da tocha.

1. ANÁLISE QUANTITATIVA DE AL EM AMOSTRAS DE PLANTAS E DE SOLO-

ICPOES

a. Al absorvido pelas variedades de *Pedilanthus*

a. Em ambas as variedades de *Pedilanthus*, verificou-se que a quantidade de Al absorvida aumentava significativamente de 1st para 2nd concentração e depois diminuía a 3rd concentração seguida de um aumento de 4th para 5th concentração quando comparada com as plantas de controlo, como se mostra no Quadro-1 e na Figura-1. Isto implica que ambas as variedades podem acumular Al sem mostrar sinais significativos de toxicidade. Os dados da ANOVA indicaram que ambas as variedades foram igualmente eficazes na acumulação de Al ou, por outras palavras, não houve diferença significativa entre as duas variedades no que respeita à acumulação de Al (Quadro-2).

Quadro-1 Al absorvido pelas variedades de *Pedilanthus*

Treatments	*Pedilanthus*	
	Variety A	Variety B
1	17.82±5.34	16.56±2.55
2	22.15±2.75	20.51±1.84
3	18.83±0.93	19.77±2.50
4	20.89±2.89	20.43±3.93
5	22.46±7.56	23.13±1.06

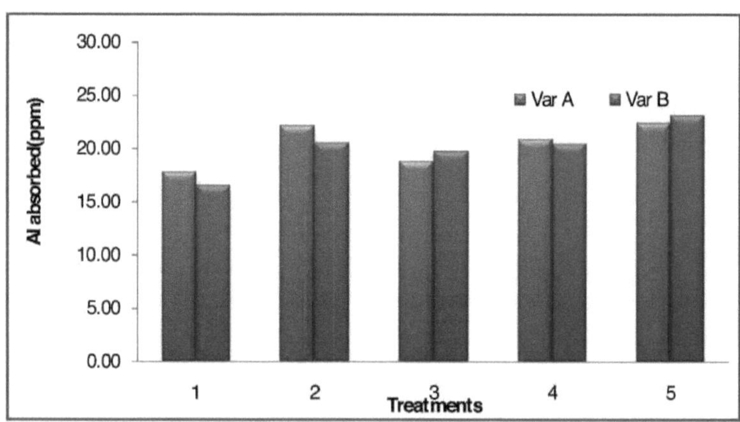

Figura-1 Al absorvido pelas variedades de *Pedilanthus*

Quadro-2: Resultados da análise de variância do teor de alumínio em duas variedades de *Pedilanto*

Source of variation	Degree of freedom	Sum of squares	Mean squares	Computed f	Significance
Replication	2	2.914	1.457	0.133	ns
Varieties	1	18.003	18.003	1.645	ns
Error a	2	21.884	10.942		
Concentration of Aluminium	4	60.283	15.071	1.277	ns
Error b	8	94.424	11.803		
Interaction between Varieties and concentration of Aluminium	4	32.529	8.132	0.431	ns
Error c	8	151.084	18.885		

b. O Al permaneceu no solo após a fitorremediação com variedades de *Pedilanthus*

O Quadro -3 e a Figura-2 indicam que, em ambas as variedades de *Pedilanthus,* se registou uma diminuição significativa do teor de Al no solo de todas as plantas tratadas após a fitoremediação. No entanto, os resultados da ANOVA indicaram que a diferença entre o teor de Al no solo de ambas as variedades não foi significativa Quadro 4.

Quadro-3 Al remanescente no solo após fitorremediação com variedades *de Pedilanthus*

Treatments	Soil data	
	Variety A	Variety B
1	80.53±2.85	80.77±2.82
2	166.50±4.27	169.87±5.49
3	279.41±3.30	280.12±3.79
4	360.32±4.93	358.43±4.13
5	455.47±4.85	457.43±3.57

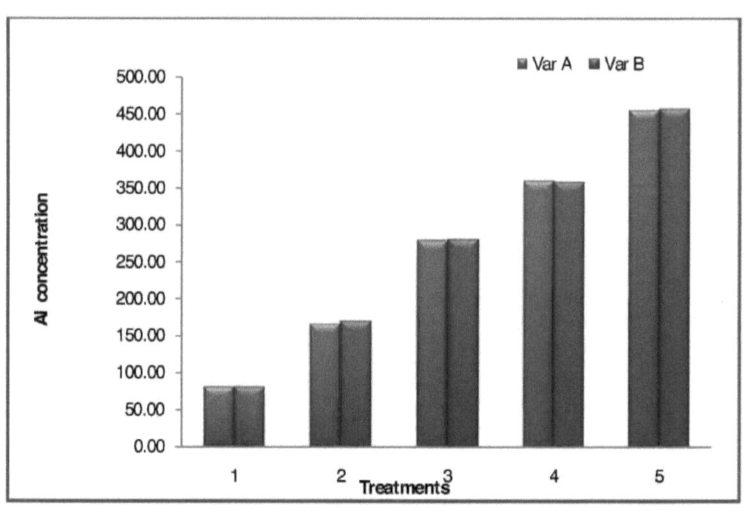

Figura-2 Al permaneceu no solo após fitorremediação com *Pedilanthus*

Quadro 4 Análise de variância dos resultados do teor de alumínio do solo com duas variedades de *Pedilanthus*

Source of variation	Degree of freedom	Sum of squares	Mean squares	Computed f	Significance
Replication	2	8717.75	4358.875	1.107	ns
Varieties	1	353.5	353.5	0.0876	ns
Error a	2	7875.75	3937.875		
Concentration of Aluminium	4	5799.5	1449.875	0.313	ns
Error b	8	37005.25	4625.657		
Interaction between Varieties and concentration of Aluminium	4	29851.5	7462.875	2.900	ns
Error c	8	20584.25	2573.031		

88

C. Al absorvido por *V.unguiculata* em solos tratados

A Tabela-5 e a Figura-3 indicam que houve um aumento significativo no teor de Al em V. unguiculata após o tratamento com alumínio da primeira concentração para a concentração de 5th .

Tabela-5 Al absorvido por *V.unguiculata* em solos tratados

Treatments	Aluminium absorbed
1	10.73±1.60
2	16.58±24.45
3	20.40±9.33
4	25.96±12.03
5	32.76±10.24

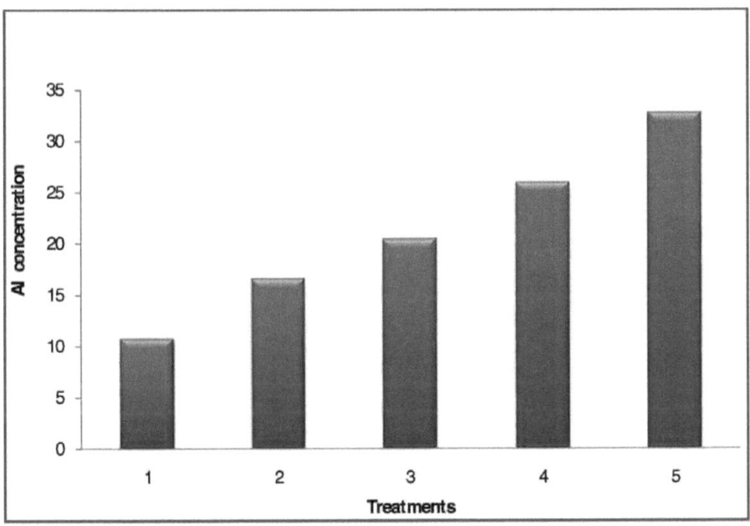

Figura-3 Al absorvido por *V.unguiculata* em solos tratados

d. Al absorvido por *V.unguiculata* após remediação com variedades de *Pedilanthus*

Após a remediação com *Pedilanthus*, quando a ervilha-de-corda é cultivada, a absorção de Al é muito menor em todos os grupos tratados, como se mostra no quadro 6 e na figura 4.

Quadro-6 Al absorvido por *V. unguiculata* após remediação com variedades *de*

Pedilanthus

Treatments	Variety A soil	Variety B soil
1	3.33±1.60	3.24±0.38
2	3.58±0.45	3.79±0.99
3	4.01±0.33	3.96±0.48
4	4.36±0.03	4.17±1.64
5	4.76±1.24	4.21±1.72

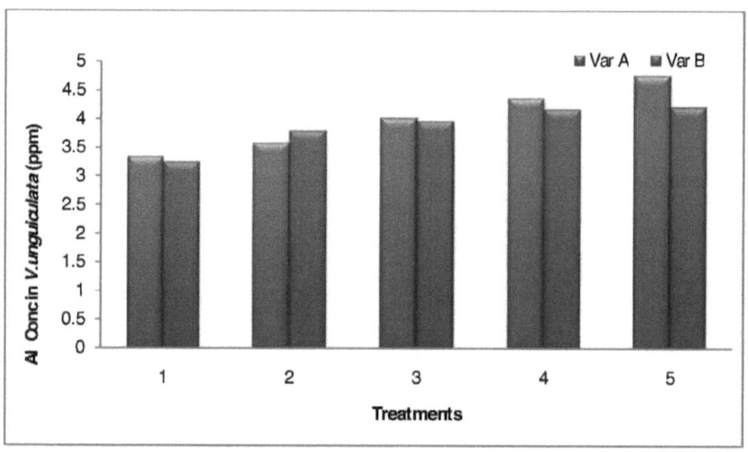

Figura-4 Al absorvido por V.unguiculata após remediação com *variedades de Pedilanthus*

variedades

Quadro 7 Análise de variância para a absorção de Al por *V. unguiculata* após remediação com variedades *de Pedilanthus*

Source of variation	Degree of freedom	Sum of squares	Mean squares	Computed f	Significance
Replication	2	225.070	112.5352	0.332	ns
Varieties	1	0.422	0.422	0.0012	ns
Error a	2	678.039	339.019		
Concentration of Aluminium	4	416.039	104.061	0.926	ns
Error b	8	898.430	112.304		
Interaction between Varieties and concentration of Aluminium	4	2088.641	522.160	2.382	ns
Error c	8	1753.305	219.1631		

d. **O Al permaneceu no solo após o cultivo de *V.unguiculata* em solos remediados com *Pedilanthus***

A Tabela-8 e a Figura-5 indicam que em ambas as variedades de *Pedilanthus* remediadas, após o cultivo de *V. unguiculata*, não houve mudança significativa no conteúdo de Al do solo de todos os grupos tratados. Isto mostra que ambas as variedades são capazes de absorver eficazmente o Al do solo, de modo que as plantas cultivadas, como a *V. unguiculata*, podem ser cultivadas sem efeitos tóxicos.

Quadro-8 Al remanescente no solo após o cultivo de *V. unguiculata* em solos remediados com *Pedilanthus*

Treatments	Variety A soil	Variety B soil
1	70.13±7.51	68.79±7.75
2	160.23±4.01	163.07±4.60
3	269.80±3.72	272.43±5.71
4	355.30±4.42	357.53±8.89
5	448.80±2.54	450.60±4.71

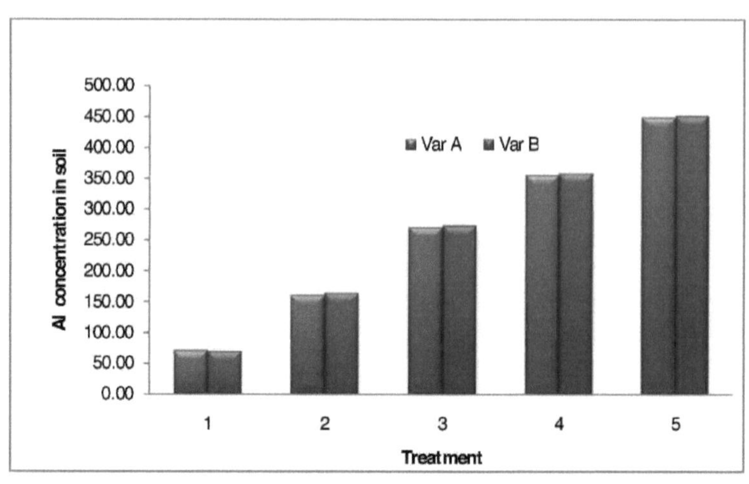

Figura-5 Al permaneceu no solo cultivado com *V.unguiculata* após fitorremediação com Variedades de *Pedilanthus*

Quadro 9: Análise de variância para o Al remanescente no solo cultivado com *V. unguiculata* após fitorremediação com variedades *de Pedilanthus*

Source of variation	Degree of freedom	Sum of squares	Mean squares	Computed f	Significance
Replication	2	1230.25	615.125	0.563	Ns
Varieties	1	10.5	10.5	0.0096	Ns
Error a	2	2183.375	1091.688		
Concentration of Aluminium	4	6421.375	1605.344	0.496	Ns
Error b	8	25863.38	3232.922		
Interaction between Varieties and concentration of Aluminium	4	16004	4001	2.129	Ns
Error c	8	15033.38	1879.172		

3. NUTRIENTES DO SOLO

a. Os nutrientes do solo permaneceram no solo após a fitoremediação com variedades *de Pedilanthus*

Em ambas as variedades de *Pedilanthus,* a quantidade de nutrientes como P, Mg, Mn Ca, Fe, Zn, B e Mo permaneceu no solo e aumentou significativamente em todas as plantas tratadas quando comparadas com as plantas de controlo, como mostrado nas Tabelas-10, 11,12,13,14,15,16,17 & Figuras-6,7,8,9,10,11,12,13. Isto pode ser devido ao efeito inibitório dos iões Al^{3+} na absorção de outros minerais nas plantas tratadas.

Tabela-10 Quantidade de potássio que permanece no solo após a fitoremediação com variedades *de Pedilanthus*

Treatments	Variety A	Variety B
C	27889±113	27889±116
1	28220±116	28000±115
2	28864±107	28895±121
3	28871±134	28900±106
4	28897±125	28950±103
5	28994±117	28990±122

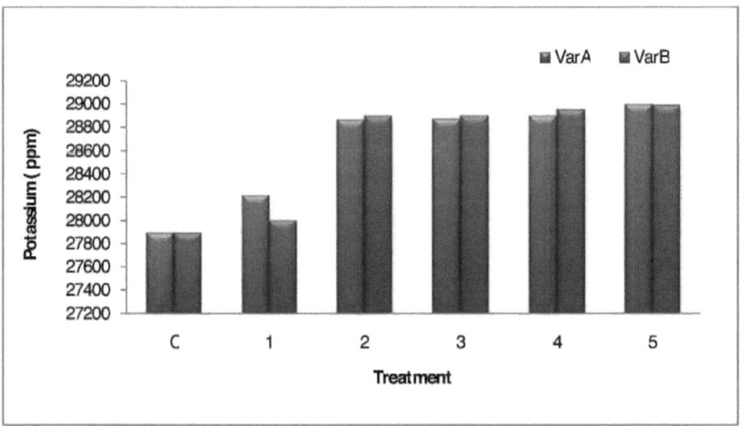

Figura-6 Quantidade de potássio que permanece no solo após a fitoremediação com Variedades de *Pedilanthus*

Tabela-11 Quantidade de magnésio remanescente no solo após fitoremediação com Variedades de *Pedilanthus*

Treatments	Variety A	Variety B
C	11960±106	11965±103
1	11998±98	12000±109
2	12140±96	12200±118
3	12510±101	12654±121
4	12774±111	12764±124
5	12978±107	12879±120

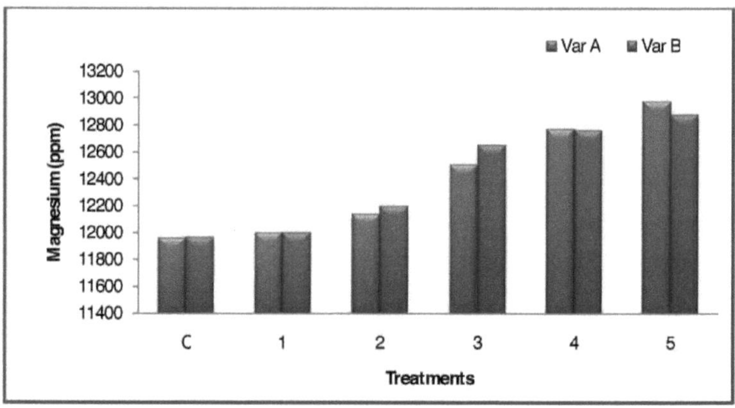

Figura-7 Quantidade de magnésio que permanece no solo após a fitoremediação com Variedades de *Pedilanthus*

Tabela-12 Quantidade de manganês remanescente no solo após fitoremediação com Variedades de *Pedilanthus*

Treatments	Variety A	Variety B
C	19.35±0.91	19.25±0.96
1	19.77±0.95	19.67±0.95
2	19.92±0.89	19.85±0.88
3	20.15±1.1	20±1.0
4	20.46±1.4	20.54±1.3
5	20.74±1.0	20.82±1.5

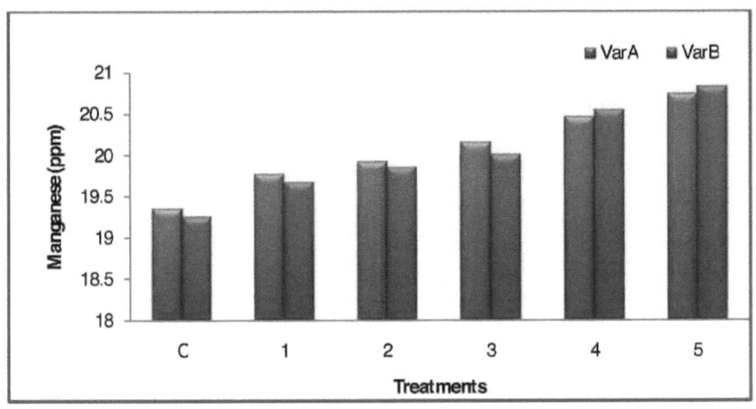

Figura-8 Quantidade de manganês que permanece no solo após a fitoremediação com Variedades de *Pedilanthus*

Tabela-13 Quantidade de cálcio que permanece no solo após a fitoremediação com Variedades de *Pedilanthus*

Treatments	Variety A	Variety B
C	80140±125	80100±98
1	80183±126	80167±125
2	81380±117	81234±114
3	82466±116	82476±128
4	83080±121	83189±123
5	83572±120	83623+121

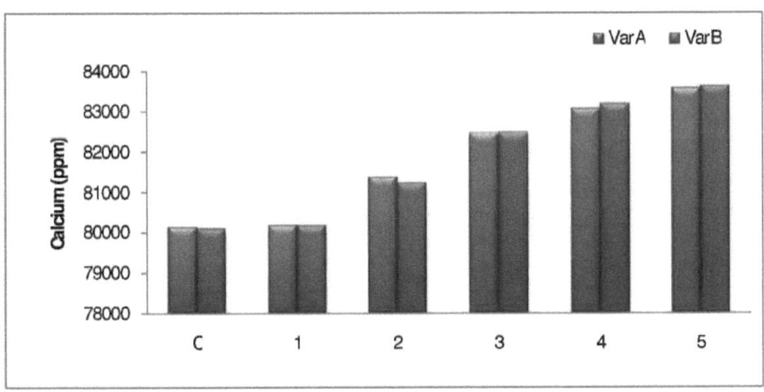

Figura-9 Quantidade de cálcio que permanece no solo após a fitoremediação com Variedades de *Pedilanthus*

Tabela-14 Quantidade de ferro remanescente no solo após a fitoremediação com Variedades de *Pedilanthus*

Treatments	Variety A	Variety B
C	1440±13	1465±12
1	1475±16	1486±17
2	1498±18	1484±18
3	1532±20	1546±20
4	1557±23	1559±21
5	1584±19	1592±18

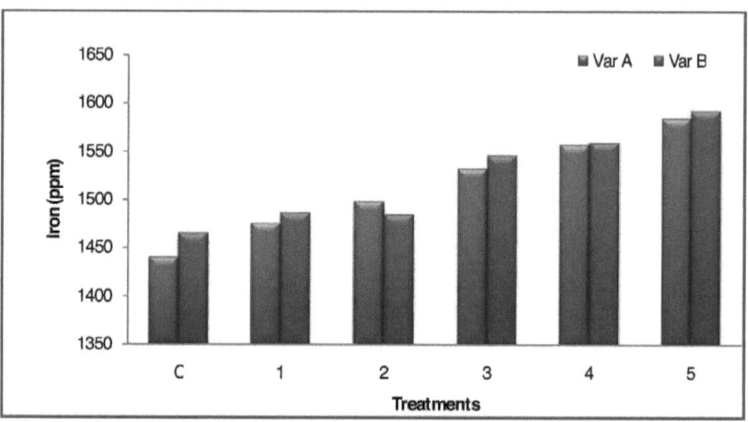

Figura-10 Quantidade de ferro que permanece no solo após a fitoremediação com

Variedades de *Pedilanthus*

Tabela-15 Quantidade de zinco que permanece no solo após a fitoremediação com Variedades de *Pedilanthus*

Treatments	Variety A	Variety B
C	238±9.2	234±8.4
1	256±6.6	261±9.7
2	269±7.2	272±6.8
3	272±7.1	276±7.3
4	284±7.4	288±7.3
5	288±9.2	294±8.9

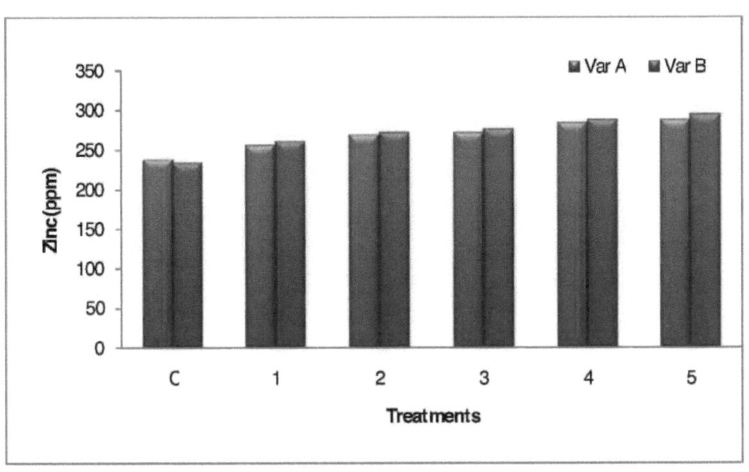

Figura-11 Quantidade de zinco que permanece no solo após a fitoremediação com Variedades de *Pedilanthus*

Quadro-16 Quantidade de boro remanescente no solo após fitoremediação com Variedades de *Pedilanthus*

Treatments	Variety A	Variety B
C	120±9.9	126±9.7
1	124±9.7	128±9.4
2	137±8.7	141±9.3
3	149±8.6	149±8.8
4	156±8.5	158±8.3
5	166±8.4	175±8.2

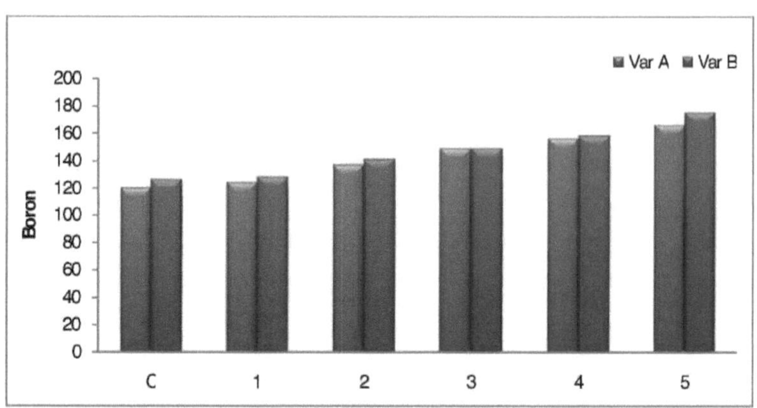

Figura-12 Quantidade de boro que permanece no solo após a fitoremediação com Variedades de *Pedilanthus*

Tabela-17 Quantidade de molibdénio remanescente no solo após fitoremediação com Variedades de *Pedilanthus*

Treatments	Variety A	Variety B
c	23±1.23	24±1.24
1	23±1.21	23±1.21
2	24±1.25	26±1.26
3	27±1.15	28±1.27
4	27±1.18	28±1.16
5	29±1.27	29±1.19

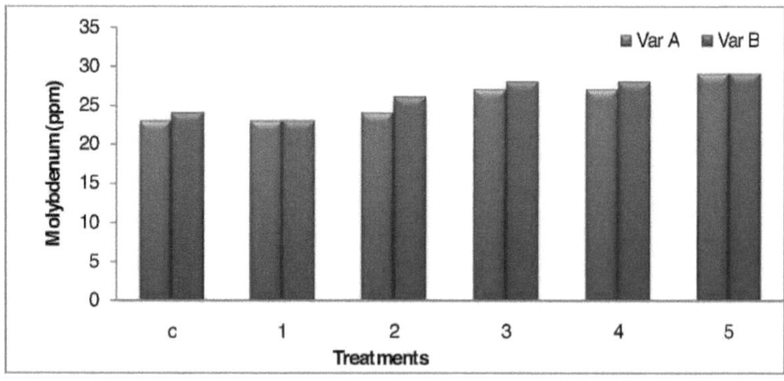

Figura-13 Quantidade de molibdénio que permanece no solo após a fitoremediação com Variedades de *Pedilanthus*

b. **Os nutrientes do solo permaneceram no solo após o cultivo de *V.unguiculata* em solos remediados com *Pedilanthus*.**

Após a remediação com *Pedilanthus*, quando *V.unguiculata* foi cultivada, a quantidade de nutrientes do solo diminuiu em todas as plantas tratadas quando comparadas com as plantas de controlo, como mostram as Tabelas-18,19,20,21,23,24 e 25 e as Figuras- 14,15,16,17,18,19,20 e 21.

Tabela-18 Quantidade de potássio remanescente no solo após o cultivo de *V.unguiculata* em solos remediados com *Pedilanthus*.

Treatments	Variety A soil	Variety B soil
C	10290±119	10276±116
1	8460±112	8472±110
2	6872±117	6972±114
3	5794±96	5873±93
4	3686±94	3692±91
5	2145±83	2231±80

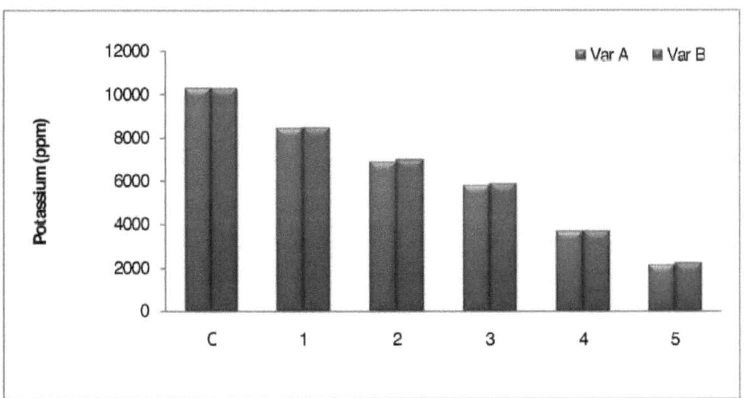

Figura-14 Quantidade de potássio remanescente no solo após o cultivo de *V.unguiculata* em

Solos remediados *de Pedilanthus*

Tabela-19 Quantidade de magnésio remanescente no solo após o cultivo de *V.unguiculata* em solos remediados com *Pedilanthus*.

Treatments	Variety A soil	Variety B soil
C	10550±121	10543±125
1	9624±114	9634±117
2	8148±105	8047±128
3	7253±102	7456±112
4	6179±101	6278±102
5	5565±96	5478±96

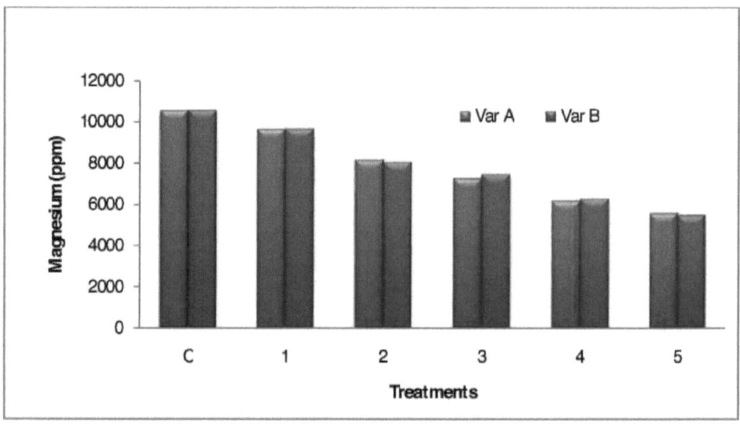

Figura-15 Quantidade de magnésio remanescente no solo após o cultivo de *V.unguiculata* em solos remediados com *Pedilanthus*

Tabela-20 Quantidade de manganês remanescente no solo após o cultivo de *V. unguiculata* em solos remediados com *Pedilanthus*.

Treatments	Variety A soil	Variety B soil
C	51.45±1.34	50.34±1.76
1	48.56±1.56	47.43±1.83
2	47.88±1.67	47.65±1.31
3	44.39±1.84	45.43±1.43
4	43.74±1.56	42.34±1.01
5	42.7±1.63	41.78±1.06

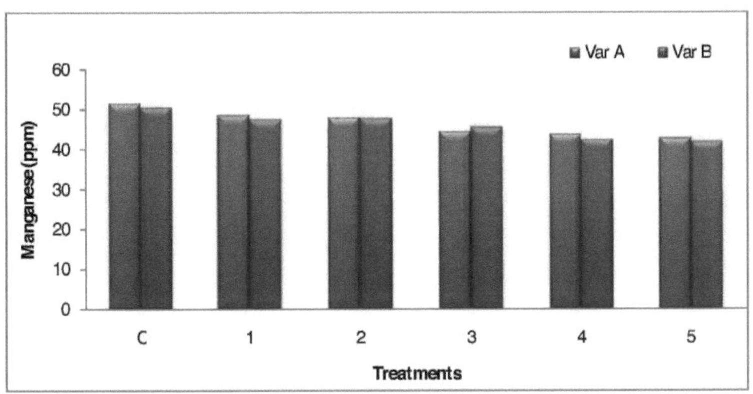

Figura-16 Quantidade de manganês remanescente no solo após o cultivo de *V.unguiculata* em

Solos remediados *de Pedilanthus*

Tabela-21 Quantidade de cálcio remanescente no solo após o cultivo de *V.unguiculata* em
Solos remediados com *Pedilanthus*.

Treatments	Variety A soil	Variety B soil
C	27030±201	26856±222
1	25691±221	25567±206
2	23866±211	23678±209
3	22728±179	22654±169
4	20433±156	20345±159
5	18757±163	18656±168

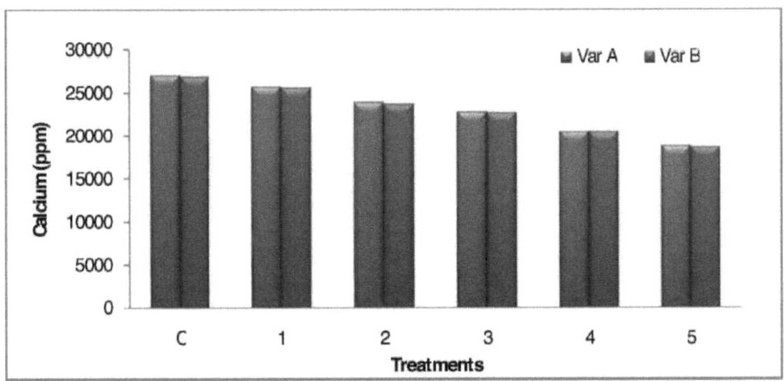

Figura-17 Quantidade de cálcio remanescente no solo após o cultivo de *V.unguiculata* em
Solos remediados *de Pedilanthus*

Tabela-22 Quantidade de ferro remanescente no solo após o cultivo de *V.unguiculata* em Solos remediados com *Pedilanthus*.

Treatments	Variety A soil	Variety B soil
C	360±9.5	354±8.9
1	270±8.6	268±7.8
2	220±6.4	215±8.1
3	188±6.3	189±6.5
4	165±5.4	168±5.5
5	144±5.6	151±4.9

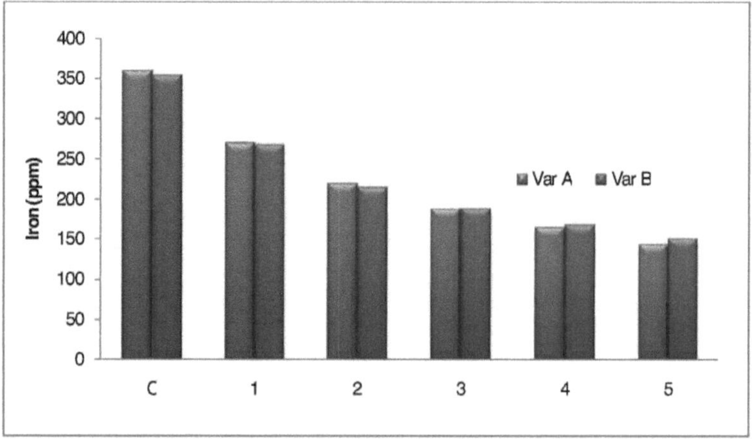

Figura-18 Quantidade de ferro remanescente no solo após o cultivo de *V.unguiculata* em Solos remediados *de Pedilanthus*

Tabela-23 Quantidade de zinco remanescente no solo após o cultivo de *V.unguiculata* em Solos remediados com *Pedilanthus*.

Treatments	Variety A soil	Variety B soil
C	231.5±9.2	228.3±9.1
1	214.7±8.7	204.5±8.5
2	197.2±9.5	186.2±8.8
3	161.6±8.8	160.8±8.7
4	158.8±8.9	161.6±6.9
5	149.01±6.7	156.2±6.1

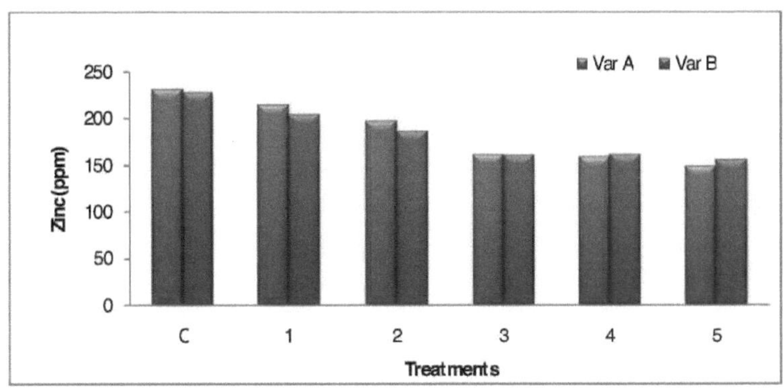

Figura-19 Quantidade de zinco remanescente no solo após o cultivo de *V.unguiculata* em solos remediados com *Pedilanthus*

Tabela-24 Quantidade de boro remanescente no solo após o cultivo de *V. unguiculata* em solos remediados com *Pedilanthus*.

Treatments	Variety A soil	Variety B soil
C	75.14±1.8	75.1±1.6
1	74.23±1.4	74.24±1.9
2	73.57±1.6	73.36±1.2
3	73.18±1.5	74.37±1.3
4	72.72±1.1	72.56±1.1
5	72.56±1.0	72.78±1.2

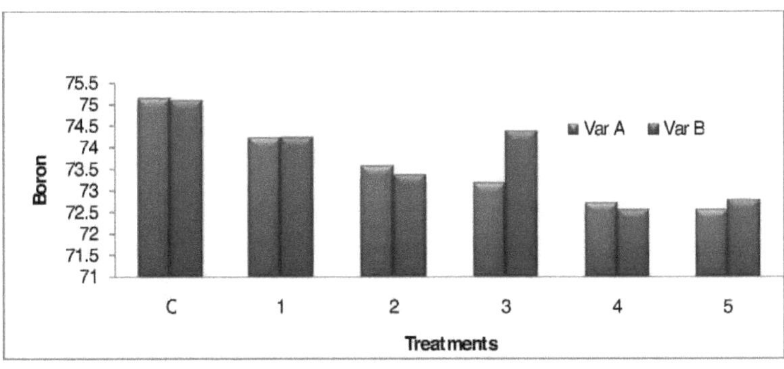

Figura-20 Quantidade de boro remanescente no solo após o cultivo de *V.unguiculata* em

103

Solos remediados *de Pedilanthus*

Tabela-25 Quantidade de molibdénio remanescente no solo após o cultivo de *V. unguiculata* em solos remediados com *Pedilanthus*.

Treatments	Variety A soil	Variety B soil
C	8.86±0.98	8.81±0.91
1	8.77±0.91	8.73±0.89
2	8.42±0.84	8.34±0.88
3	8.25±0.72	8.15±0.78
4	8.16±0.71	8.03±0.77
5	8.09±0.8	8.01±0.79

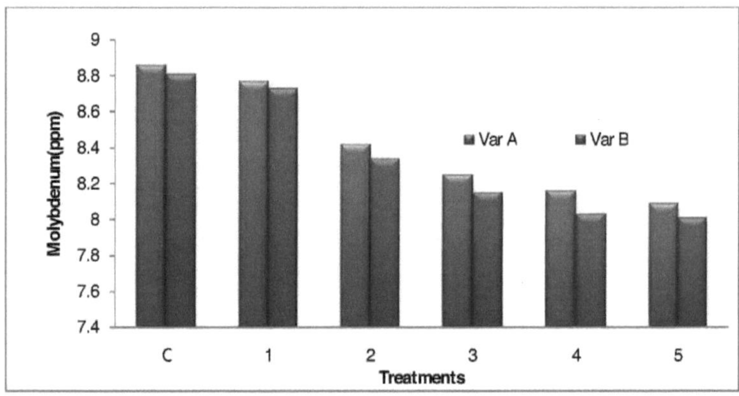

Figura-21 Quantidade de molibdénio remanescente no solo após o cultivo de *V. unguiculata* em solos remediados com *Pedilanthus*

DISCUSSÃO

É bem conhecido o facto de algumas espécies de plantas poderem acumular concentrações elevadas de Al sem apresentarem sintomas de toxicidade de Al (Jian Feng Ma *et al, 2001*). Esta resistência ao Al depende da capacidade da planta de tolerar o Al nos sinplastos ou de o excluir para o solo (Taylor, 1991). No presente estudo, duas variedades de *Pedilanthus*, ou seja, *Pedilanthus tithymaloides* var. *variegatus* e *P. tithymaloides* var. *tithymaloides*, foram analisadas quanto à sua capacidade de acumular e resistir ao Al.

Em ambas as variedades de *Pedilanthus*, a quantidade de Al absorvida aumentou significativamente da concentração de 1st para 2nd e depois diminuiu na concentração de 3rd , seguida de um aumento da concentração de 3rd para 5th , quando comparada com as plantas de controlo. A diminuição na concentração 3rd pode indicar o limiar das espécies vegetais para a toxicidade do Al. O aumento da absorção após 3rd indica a sua capacidade de adoção para além de 300ppm. Os níveis de acumulação observados em ambas as plantas indicam que estas são hiperacumuladoras de Al. Os dados da ANOVA indicaram que ambas as variedades são igualmente eficazes na acumulação de Al.

Os ácidos orgânicos desempenham um papel central nestes mecanismos de tolerância ao Al. Algumas plantas desintoxicam o Al na rizosfera libertando ácidos orgânicos que quelam o Al. Em pelo menos duas espécies, o trigo e o milho, o transporte de aniões ácidos orgânicos para fora das células radiculares é mediado por canais aniónicos activados pelo Al na membrana plasmática. Outras plantas, incluindo espécies que acumulam Al nas suas folhas, desintoxicam o Al internamente, formando complexos com ácidos orgânicos. Por exemplo, o malato é libertado das raízes de cultivares de trigo tolerantes ao Al (Delhaize *et al.*, 1993); o citrato de cultivares de snapbean tolerantes ao Al (Miyasaka *et al.*, 1991), milho (Pellet, 1995), *Cassia tora* (Ma *et al.*, 1997) e soja (Yang *et al.*, 2001); e o oxalato de trigo mourisco (Ma *et al.*, 1997) e taro (Ma *et al.*, 1998).

Registou-se uma diminuição significativa do teor de Al no solo de todos os grupos tratados após a fitoremediação. Isto pode ser naturalmente esperado porque a acumulação de Al na planta aumentou. Por conseguinte, podemos sublinhar que ambas as variedades são capazes de absorver o Al do solo e de o acumular nas mesmas. No entanto, os resultados da ANOVA mostraram que a variação entre a capacidade de acumulação de Al das duas variedades não foi significativa.

No caso dos nutrientes do solo, em ambas as variedades de *Pedilanthus,* a quantidade de nutrientes como P, Mg, Mn Ca, Fe, Zn, B e Mo que permaneceu no solo aumentou significativamente em todas as plantas tratadas quando comparadas com as plantas de controlo. Isto pode, em parte, ser devido ao efeito inibitório dos iões Al^{3+} nos solos tratados, o que provavelmente dificultou a absorção de outros nutrientes.

Muitos investigadores registaram desequilíbrios nutricionais induzidos pela exposição ao Al em várias espécies de plantas. O Al interfere com a absorção, o transporte e a utilização da maioria dos elementos minerais. Sob stress de Al, a absorção de muitos catiões, incluindo

Ca^{2+} (69%), Mg^{2+} , K^+ (13%) e NH_4^+ (40%) é inibida (Galvez e Clark, 1991). A solubilidade do Al pode ser aumentada ou diminuída dependendo da presença de outros elementos no sistema solo-planta. Outro estudo revelou a manifestação de sintomas de deficiência de P, Ca, Mg ou Fe sob toxicidade de Al (Foy, 1988).

O transporte de cálcio para a raiz é mais intenso no ápice da raiz, que é também o principal local de acumulação e toxicidade do Al (Taylor, 1988). As interações entre o Al e o Ca são provavelmente os factores mais importantes que afectam a absorção e o transporte de Ca nas plantas cultivadas em solos ácidos (pH < 5,5). Com o aumento dos níveis de Al, a concentração de Ca nos rebentos e nas raízes do trigo diminuiu drasticamente (Jones *et al.*, 1998).

A acumulação de Ca e Mg nas plantas é deprimida pelo Al de forma muito mais significativa do que a absorção de outros nutrientes minerais importantes (Rengel e Robinson, 1989). Possivelmente, isto deve-se à alteração induzida pelo Al nas propriedades e na arquitetura da bicamada lipídica da membrana. Assim, a inibição do transporte de Ca^{2+} pelo Al pode estar envolvida na fase inicial da toxicidade do Al. O Al inibe o transporte de Ca^{2+} para o simplasma das células radiculares ou desloca o Ca^{2+} dos sítios metabólicos críticos no apoplasto. Sabe-se que o Al^{3+} pode inibir eficazmente o transporte de Ca^{2+} para as raízes, células de algas, protoplastos e vesículas de membrana (Huang *et al.*, 1996), por exemplo, bloqueando os canais de Ca^{2+} e K^+.

As concentrações de Al e Mn solúveis atingem frequentemente níveis fitotóxicos em solos ácidos. Taylor *et al.* (1998) examinaram o efeito de combinações de Al e Mn no crescimento e na acumulação de metais em *V.unguiculata*. A baixa concentração de Al na solução (1 a 8 mM) teve pouco efeito na acumulação de Mn nas raízes e nos rebentos, enquanto concentrações mais elevadas (até 100 mM) diminuíram a acumulação de Mn nos rebentos. Da mesma forma, a baixa concentração de Mn (0,1 a 6 mM) teve pouco efeito sobre a acumulação de Al, enquanto concentrações mais elevadas (até 50 mM) aumentaram a acumulação de Al tanto nas raízes como nos rebentos.

Também se demonstrou que o Al interfere na divisão celular das raízes das plantas; fixa o fósforo em formas menos disponíveis no solo e no interior ou à superfície das raízes das plantas; diminui a respiração das raízes; interfere com certas enzimas que regulam a deposição de polissacáridos nas paredes celulares; aumenta a rigidez das paredes celulares (pectinas de ligação cruzada) e interfere na absorção, no transporte e em alguns nutrientes essenciais (Ca, Mg, K, P) e no fornecimento de água às plantas (Fleming *et al*, 1974; Foy, 1984 e 1992, Nichol e Oliveira, 1995)

A biodisponibilidade do Mn e do Zn é fortemente afetada pelo pH do solo (Fergus, 1954; McGrath *et al.*, 1988; Turner, 1994). À medida que o pH do solo diminui, o Mn e o Zn têm de competir com o H^+ e o Al^{3+} extra por posições nos sítios de troca, a solubilidade do Mn e do Zn aumenta na solução do solo e uma maior proporção está presente como iões metálicos livres altamente disponíveis na solução do solo (Kalbasi *et al.*, 1978; McBride, 1982; Bar-Tal *et al.*, 1988; Msaky e Calvet, 1990; Sauve *et al.*, 1997)

Por conseguinte, no presente estudo, após a remediação com *Pedilanthus*, quando *a V.*

unguiculata é cultivada, a quantidade de nutrientes do solo diminuiu nos solos das plantas tratadas quando comparada com as plantas de controlo. Este aumento da absorção de nutrientes pela *V.unguiculata* sob stress reduzido de Al deve-se à remoção eficaz de Al do solo por ambas as variedades *de Pedilanthus.*

CONCLUSÕES

- Ambas as variedades de *Pedilanthus* são capazes de sobreviver em solos com elevado teor de Al. O crescimento de ambas as variedades foi comparável ao do controlo em todos os tratamentos.

- Ambas as variedades são capazes de acumular Al sem quaisquer sinais específicos de toxicidade. No entanto, *a P. tithymaloides* L.var. *variegatus* apresentou uma acumulação elevada quando comparada com a *P. tithymaloides* L. var. *tithymaloides*.

- A atividade microbiana do solo foi maior com *P. tithymaloides* L. var. *variegatus* quando comparada com *P. tithymaloides* L.var. *tithymaloides*.

- O teor de nutrientes do solo, ou seja, C, N e P, diminuiu significativamente nos solos tratados com Al após a fitoremediação, devido ao aumento da utilização de nutrientes para contrariar a tolerância ao Al. Isto pode dever-se à produção de proteínas especiais e ácidos orgânicos para quelatar o Al.

- A quantidade de proteínas e o teor de prolina também foram significativamente elevados nas plantas tratadas com Al das variedades de *Pedilanthus*, indicando uma elevada tolerância ao Al sob stress de Al.

- O aumento da quantidade de nutrientes minerais como P, Mg, Mn, Ca, Fe, Zn, B e Mo no solo durante a fitorremediação com *Pedilanthus* indicou o papel inibidor do Al^{3+} na absorção destes minerais.

- *A V.unguiculata* apresentou quantidades muito reduzidas de Al. Isto significa provavelmente que grandes quantidades de Al foram absorvidas pelo *Pedilanthus*, e também que o Al foi quelatado pelo *Pedilanthus* no solo, o que poderia ter tornado o solo menos tóxico para a cultura seguinte.

- Por conseguinte, a diminuição da quantidade de nutrientes minerais como P, Mg, Mn Ca, Fe, Zn, B e Mo no solo após o cultivo de *V.unguiculata em* solos remediados com *Pedilanthus* indicou a ausência de stress de Al devido à remoção eficaz de Al do solo pelas variedades *de Pedilanthus*.

- O teor de nutrientes do solo, como o carbono, o azoto e o fósforo, foi menos afetado quando *a V. unguiculata* foi cultivada em solo remediado com *Pedilanthus*.

- O teor de Al no solo não afectou a clorofila 'a', 'b', os carotenóides e o teor de clorofila total da *Vungucuilata*. Isto mostra o estado fisiológico normal das plantas, sem efeitos adversos da toxicidade do Al.

- Os mecanismos moleculares subjacentes à tolerância ao Al podem envolver o efluxo de ácidos orgânicos ou a produção de proteínas tolerantes ao stress que podem quelar o Al e impedir que este cause danos a outros componentes celulares.
- Em conclusão, pode dizer-se que ambas as variedades de *Pedilanthus* são capazes de acumular Al de forma eficaz. Isto alivia o stress de Al no solo e torna o solo adequado para o cultivo. Deste modo, as plantas cultivadas, como *a Vungucuilata*, que são intolerantes ao Al, podem ser cultivadas sem qualquer dano em solos contaminados com Al.
- Assim, finalmente, pode recomendar-se que a fitorremediação do Al com qualquer uma das variedades de *Pedilanthus* é uma solução promissora para evitar a perda de produtividade das plantas cultivadas em solos com elevada quantidade de Al.

REFERÊNCIAS

Abreu, P., Mateus, S., Gonzalez, T., Costa, D., Segundo, M.A. e Fernandes, E., 2006. Atividade anti-inflamatória e antioxidante de uma tintura medicinal de *Pedilanthus tithymaloides*. *Ciências da Vida* 78:1578-1585.

Abreu, P.M., Mateus, S., Gonza'lez, T., Vanickova, L., Costa, D., Gomes, A., Segundo, M.A. e Eduarda, F., 2008. Isolamento e identificação de antioxidantes de *Pedilanthus tithymaloides*. *Jornal de Medicina Natural* 62:67-70.

Adriano, D. C., Wenzel, W. W., Vangronsveld, J. e Bolan, N.S., 2004. O papel da remediação natural assistida na limpeza ambiental. *Geoderma* 122:121142.

Agarwal, G.S., Bhuptawat, H.K. e Chaudhari, S., 2006. Biosorção de crómio (VI) aquoso por sementes *de Tamarindus indica*. *Bioresource Technology* 97:949-956.

Alia, e Pardha Saradhi, P., 1991. Acumulação de prolina sob stress de metais pesados. *Fisiologia Vegetal* 138:554-558.

Alkorta, I., Hernandez-Allica, J.M., Becerril, I., Amezaga, I., Albizu, C. e Garbisu, 2004. Recent Findings on the Phytoremediation of Soils Contaminated with Environmentally Toxic Heavy Metals and Metalloids Suchas Zinc, Cadmium, Lead, and Arsenic. *Ciência Ambiental e Biotecnologia* 3:71-90.

Al-Rub, F.A.A., El-Naas, M.H., Ashour, I. e Al-Marzouqi, M., 2006. Biosorção de cobre em chlorella vulgaris a partir de soluções aquosas de metais simples, binárias e ternárias. *Process Biochemistry* 41:457-464.

Amarasinghe, B.M.W.P.K. e Williams, R.A., 2007. Resíduos de chá como um adsorvente de baixo custo para a remoção de Cu e Pb de águas residuais. *Engenharia Química* 132:299-309.

An, Y.J. e Kim, M., 2009. Efeito do antimónio no crescimento microbiano e nas actividades das enzimas do solo. *Chemosphere* 74:654-659.

Anderson, T.A., Guthrie, E.A. e Walton, B.T., 1993. Bioremediação na rizosfera. As raízes das plantas e os micróbios associados limpam o solo contaminado. *Environmental Science and Technology* 27:2630-2636.

Argun, M.E. e Dursun, S., 2008. Uma nova abordagem para a modificação de adsorventes naturais para adsorção de metais pesados. *Bioresource Technology* 99:25162527.

Arslanoglu, H., Altundogan, H.S. e Tumen, F., 2008. Preparação de um permutador de catiões a partir de limão e sorção de metais pesados divalentes. *Bioresource Technology* 99:2699-2705.

Awasthi, M., 2005. Atividade da redutase do nitrato: Uma solução para os problemas de nitrato testados em células de algas livres e imobilizadas na presença de metais pesados. *Jornal Internacional de Ciência e Tecnologia Ambiental* 2:201-206.

Aydinalp, C. eMarinova, S., 2009. Theeffectsofheavymetalson seed germinação e crescimento de plantas de alfafa (*Medicago sativa*). *Jornal Búlgaro de Ciências Agrícolas* 15:347-350.

Babu, B.V. e Gupta, S., 2008. Adsorção de Cr (VI) utilizando folhas de neem activadas: estudos cinéticos. *Adsorção* 14:85-92.

Baker, A.J.M., McGrath, S.P., Reeves, R.D. e Smith, J.A.C., 2000. Plantas hiperacumuladoras de metais: A review of the ecology and physiology of a biological resource for phytoremediation of metal-polluted soils. *In*: Terry, N. e Banuelos, G. (Eds.), Phytoremediation of contaminated soil and water. Lewis Publishers, Boca Raton, FL, pp.85-108.

Baker, A.J.M., McGrath, S.P., Sidoli, C.M.D. e Reeves R.D. 1994. The possibility of *in-situ trace* metal decontamination of polluted soils using crops of metalaccumulating plants. *Resources, Conservation and Recycling* 11:41-49.

Baker, A. J. M., McGrath, S.P., Reeves, R.D., e Smith, J.A.C. 2000. Plantas hiperacumuladoras de metais: A review of the ecology and physiology of a biological resource for phytoremediation of metal-polluted soils. *In*: Terry, N. e Banuelos, G. (Eds.), Phytoremediation of Contaminated Soil and Water. Lewis Publishers, Boca Raton,. pp 85-107.

Bal, W. e Kasprzak, K.S., 2002. Indução de danos oxidativos no ADN por metais carcinogénicos. *Toxicologia* 127:55-62.

Barcelo, J. e Poschenrieder, C., 2002. Respostas rápidas de crescimento radicular, exsudados radiculares e desintoxicaçao interna como pistas para os mecanismos de toxicidade e resistência ao alumínio: uma revisão. *Botânica Ambiental e Experimental* 48:75-92.

Barrena, R., Vazquez, F. e Sanchez, A., 2008. A atividade da desidrogenase como método de monitorização do processo de compostagem. *Bioresource Technology* 99:905-908

Bar-Tal, A., Baryosef, B. e Chen, Y.,1988. Efeitos do ácido fúlvico e do pH na sorção de zinco na montmorilonite. *Soil Science* 146:367-373.

Bassi, R. e Sharma, S.S., 1993b. Proline accumulation in wheat seedlings exposed to zinc and copper (Acumulação de prolina em plântulas de trigo expostas a zinco e cobre). *Phytochemistry* 33:1339-42.

Bassi, R., e Sharma, S.S., 1993a. Changes in proline content accompanying the uptake of zinc and copper by *Lemna minor*. *Annals of botany* 72:151-4.

Basu, U., Good, A.G., Aung, T., Slaski, J.J., Basu, A., Briggs, K.G. e Taylor, G.J., 1999. Um polipéptido de exsudado radicular de 23 kDa co-segrega com a resistência ao alumínio em *Triticum aestivum*. *Plant Physiology* 106:53-61.

Baumann, A., 1885. Das Verhalten von Zinksalzen gegen Pflanzen und in Boden. *Landwirtschaftliche Versuchsstation* 31:1-53.

Bennet, R.J., Breen, C.M. e Fey M.V., 1985. Locais de absorção de alumínio na raiz primária de *Zea mays*. *Plant and Soil* 2:1-7.

Bergkvist, B., 1986. Lixiviação de metais de um solo de floresta de abetos influenciada pela acidificação experimental. *Water Air Soil Pollution* 31:901-916.

Bernal, M.P., McGrath, S.P., Miller, A.J. e Baker A.J.M., 1994. Comparação das alterações químicas no rizoshpere do hiperacumulador de níquel *Alyssum murale* com o não acumulador *Raphanus sativus*. *Plant and Soil* 164:251-259.

Blancaflor, E.B., Jones, D.L. e Gilroy, S., 1998. As alterações no citoesqueleto acompanham a inibição do crescimento induzida pelo alumínio e as alterações morfológicas nas raízes primárias do milho. *Fisiologia Vegetal* 118:159-172.

Baker, A.J.M.,1981. Acumuladores e excludentes - estratégias na resposta das plantas aos metais pesados. *Nutrição Vegetal* 3: 643 - 654

Blaylock, M.J. e Huang, J.W., 2000. Fito-extração de metais. *In:* Raskin, I. e Ensley, B.D. (Eds.), Phytoremediation of toxic metals using plants to clean up the environment. John Wiley

Sons, Inc., Nova Iorque, pp. 53-71.

Bolan, N. S., Adriano, D. C., Mani, P., Duraisamy, A. e Arulmozhiselvan, S., 2003. Imobilização e fitodisponibilidade do cádmio em solos de carga variável. II. Efeito do composto de cal. *Plant and Soil* 251:187-198.

Brown, D.R., Wang, Y. e Ward, A., 1995. Efeitos crónicos do exercício e do exercício mais estratégias cognitivas. *Medicine and Science in Sports and Exercise* 27:765-775.

Brown, J. C., Weber, C. R. e Caldwell, B. E., 1967. Efficient and inefficient use of iron by two soybean genotypes and their isolines (Utilização eficiente e ineficiente do ferro por dois genótipos de soja e suas isolinhas). *Agronomia* 59: 459-462.

Brown, S.L, Chaney, R.L., Angle, J.S., e Baker, A.J.M., 1995. Absorção de zinco e cádmio pelo hiperacumulador *Thlaspi caerulescens* cultivado em solução nutritiva. *Soil Science Society America Journal* 59: 125-133.

Brown, S.L., Chaney, R.l., Angle, J.S. e Baker, A.J.M., 1994. Potencial de fitorremediação de *Thlaspi caerulescens* e *Bladder campion* para solos contaminados com zinco e cádmio. *Journal of Environmental Quality* 23:151-1157.

Bryan, G.W. e Langston, W.J., 1991. Biodisponibilidade, acumulação e efeitos dos metais pesados nos sedimentos, com especial referência aos estuários do Reino Unido. *Environment Pollution* 76:89-131.

Bryan, G.W., 1968. Concentração de zinco e cobre nos tecidos de crustáceos decápodes. *Biological Association* 48:303-321.

Brzezinska, M., Slcpniewski, W., Stepniewska, Z. e Przywara, G., 2001. Efeito da deficiência de oxigénio na atividade da desidrogenase do solo numa experiência em vaso com *Triticale* CV. Vegetação de Jago. *International Agrophysics* 15:145-149.

Budikova, S. e Durcekova, K., 2004. A acumulação de alumínio nas raízes de uma cultivar de cevada sensível ao Al- altera a estrutura das células da raiz e induz a síntese de calose. *Biologia* 59; 215-220.

Butovsky, R.O. e Van Straalen, N.M., 1995. Conteúdo de cobre e zinco em cadeias tróficas de artrópodes terrestres na região de Moscovo. *Pedobiologia* 39:481 - 487.

Calba, H. e Jaillard, B., 1997. Effect of aluminium on ion uptake and H+ release by maize, *New Phytologist* 137:607-616.

Chaney, R.L., Li, Y.M., Brown, S.L., Homer, F.A. e Malik, M.,2000. Melhoria das plantas selvagens hiperacumuladoras de metais para desenvolver sistemas comerciais de fitoextracção; abordagens e progressos. *In:* Terry, N. e Banuelos, G. (Eds.), Phytoremediation of contaminated soil and water. Boca Raton, Lewis, pp. 129-158.

Chaney, R.L., Malik, M., Li, Y.M., Brown, S.L., Brewer, E.P., Scott Angle, J. e Baker, A.J.M., 1997. Fitorremediação de metais do solo. *Current Opinion in Biotechnology* 8:279-284.

Chang, Y. C., Yamamoto, Y. e Matsumoto, H., 1999. Acumulação de alumínio na pectina da parede celular em células de tabaco em cultura (*Nicotiana tabacum* L.) tratadas com uma combinação de alumínio e ferro. *Plant Cell Environment* 22:1009-1017.

Chapman, P.M., Wang, F., Janssen, C., Persoone, G. e Allen, H.E., 1998. Ecotoxicology of metals in aquatic sediments binding and release, bioavailability, risk assessment, and remediation. *Canadian Journal of Fisheries and Aquatic Sciences* 55 ;2221-2243.

Charest, C. e Phan C.T., 1990. Aclimatação ao frio do trigo (*Triticum aestivum*) propriedades das enzimas envolvidas no metabolismo da prolina. *Physiologia Plantarum* 80; 159-168.

Chen, C. e Gong, H., 1996. Efeitos e mecanismo do cádmio na qualidade das folhas de amoreira e caraterísticas fisiológicas e bioquímicas. *Applied Ecology* 7:417-423.

Chen, H.M., Zheng, C.R., Wang, S.Q. e Tu, C., 2000. Poluição combinada e índice de poluição de metais pesados em solo vermelho. *Pedosphere* 10; 117-124.

Ciamporova', M., 2002. Morphological and structural responses of plant roots to aluminium at organ, tissue, and cellular levels. *Biologia Plantarum* 45:161171.

Claire, L.C., Adriano, D.C., Sajwan, K.S., Abel, S.L., Thomas, D.P. e Driver, J.T., 1991. Efeito de metais vestigiais selecionados na germinação de sementes de seis espécies de plantas. *Water, air and soilpollution* 59:231-240.

Clarkson, D. T., 1965. The effect of aluminum and other trivalent metal cations on cell division in the root apices *of Allium cepa. Annual Botany* 29:209.

Clarkson, D. T., 1967. Interações entre alumínio e superfícies de raízes de fósforo e material de parede celular. *Planta e Solo* 27:347-356

Clemens, S., 2001. Molecularmechanismsofplantmetaltoleranceand homeostase. *Planta* 212:475-486.

Clijsters, H. e Van Assche, F., 1985. Inhibition of photosynthesis by heavy metals. *Photosynthesis Research* 7:31-40.

Cluis, C., 2004. Junk-greedy Greens: a fitoremediação como nova opção para a descontaminação do solo. *Biotechnology Journal* 2:61-67.

Colbourn, P. e Thornton I., 1978. Poluição por chumbo em solos agrícolas. *Soil Science* 29:513-526.

Crommentuijn, T., Doodeman, C.J.A.M., Van Der Pol, J.J.C., Doornekamp, A., Rademaker, M.C.J. e Van Gestel, C.A.M., 1995. Sublethal sensitivity index as an eco-toxicity parameter measuring energy allocation under toxicant stress application to cadmium in soil arthropods. *Eco toxicologia e Segurança Ambiental* 31:192-200.

Cunningham S.D. e Ow D. W., 1996. Promessas e perspectivas da fitorremediação. *Fisiologia Vegetal* 110:715-719.

Cunningham, S. D. e Berti, W. R., 2000. Fitoextracção e Fitoestabilização: Considerações técnicas, económicas e regulamentares sobre a questão do chumbo no solo. *In:* Terry, N. and Banuelos, G. (Eds.), Contribution of arbuscular mycorrhizal and saprobe fungi 45 Phytoremediation of Contaminated Soils and Water, CRC Press, Boca raton, FL, USA, pp. 359-376.

Cunningham, S.D. eOW , D.W., 1996. Promisesandprospectsof fitorremediação. *Fisiologia Vegetal* 110:715-719.

De Filippis, L.F. e Pallaghy, C.K., 1994. Metais pesados: fontes e efeitos biológicos. *In*: Rai, L.C., Caur, J.P., Soeder, C.J. (Eds.), Algae and Water Pollution: Série Avanços em Limnologia, vol. 42. Schweizerbart, Stuttgart, pp. 32-77.

de Miranda, J.R., Thomas, M.A., Thurman, D.A. e Tomsett, A.B., 1989. Metalliothionein genes from the flowering plant *Mimulus guttatus. FEBS Letters* 260:277-280.

Delhaize, E. e Ryan, P.R., 1995. Toxicidade e tolerância do alumínio nas plantas. *Fisiologia Vegetal* 107:315-321.

Delhaize, E. Ryan, P. R. e Randall, P. J., 1993. Tolerância ao alumínio no trigo (*Triticum aestivum* L.) II. Excreção de ácido málico dos ápices radiculares estimulada pelo alumínio. *Plant Physiology* 103:695-702.

Dietz, K.J., Kramer, U. e Baier, M., 1999. Radicais Livres e Espécies Reactivas de Oxigénio como Mediadores da Toxicidade de Metais Pesados. *In:* Prasad, M.N.V. e Hagemeyer, J. (Eds.), Heavy Metal Stress in Plants. From Molecules to Ecosystems. Springer-Verlag, Berlim, pp: 73-97.

Doncheva, S., Amen'os, M., Poschenrieder, C. e Barcelo, J., 2005. Padronização das células da raiz: um alvo primário para a toxicidade do alumínio no milho. *Journal of Experimental Botany* 56:1213-1220.

Doncheva, S., Stoynova, Z. e Velikova, V., 2001. Influência do succinato na toxicidade do zinco em plantas de ervilha. *Plant Nature* 24:789-804.

Droppa, M. e Horvath, G., 1990. The role of Cu in photosynthesis. *Critical Reviews in Plant Science* 9:111-124.

Duan, C. e Wang, H., 1995. Estudos sobre a toxicidade genética celular de metais pesados em feijões e técnicas micro-nucleares. *Ata Botanica Sinica* 37 :14-24.

Dupont, D., Bouanda, J., Dumonceau, J. e Aplincourt, M., 2005. Biosorção de Cu(II) e Zn(II) num substrato lignocelulósico extraído de farelo de trigo. *Environmental Chemistry Letters* 2:165-168.

Dushenkof, S., Vasudev, D., Kaputnik, Y., Gleba, D., Fleisher, D., Ting, K.C. e Ensley, B., 1997. Remoção de urânio da água utilizando plantas terrestres. *Environmental Science and Technology* 31:3468-3474.

Dushenkov, K., Kumar P.B.A.N., Motto, H. e Raskin, I., 1995. Rhizofiltration - a utilização de plantas para remover metais pesados de cursos de água aquosos. *Environmental Science and Technology* 29:1239-1245.

Dushenkov, V., Kumar, P.B.A.N., Motto, H. e Ruskin, I., 1995. Rhizo-filtração: A utilização de plantas para remover metais pesados de correntes aquosas. *Environmental Science and Technology* 29: 1239-1245.

Eapen, S., Suseelan, K. N., Tivarekar, S., Kotwal, S.A. e Mitra, R., 2003. Potential for Rhizo filtration of uranium using hairy root cultures of Brassica juncea and Chenopodium amaranticolor. *Environment Research* 91:127-133.

Ebbs, S.D., Lasat, M.M., Brady, D.J., Cornish, J., Gordon, R. e Kochian, I.V., 1997. Fito-extração de cádmio e zinco de um solo contaminado. *Qualidade Ambiental* 26:1424-1430.

Elangovan, R., Philip, L. e Chandraraj, K., 2008. Biosorção de crómio hexavalente e trivalente por flor de palmeira (*Borassus aethiopium*). *Chemical Engineering Journal* 141:99-111.

El-Ashtoukhy, E.S.Z., Amina, N.K. e Abdelwahab, O., 2008. Remoção de chumbo(II) e cobre(II) de uma solução aquosa utilizando a casca de romã como um novo adsorvente. *Dessalinização* 223:162-173.

Elbay-Poulichet, F., Martin, J.M., Huang, W.W., e Zhu, I.X., 1987. Comportamento do Cd dissolvido em alguns estuários franceses e chineses selecionados. Consequências no fornecimento de Cd ao oceano. *Química Marinha* 322:125-136.

Epstein, E. e Jefferies, R. L., 1964. A base genética do transporte seletivo em plantas. *Fisiologia Vegetal* 15: 169-189.

Ernst, W.H.O., Verkleij, J.A.C. e Schat, H., 1992. Tolerância a metais em plantas. *Ata Botanica Neerlandica* 41:229-248.

Evans, K.M., Gatehouse, J.A., Lindsay, W.P., Shi, J., Tommy, A.M. e Robinson, N.J., 1992. Expressão dos genes Ps MTA, semelhantes à metalotioneína da ervilha, em *Escherichia coli* e *Arabidopsis thaliana* e análise da acumulação de iões de metais vestigiais. Implicações da função do Ps MTA. *Biologia Molecular das Plantas* 20:1019-1028.

Ezaki, B., Gardner, R.C., Ezaki, Y. e Matsumoto, H., 2000. A expressão de genes induzidos pelo alumínio em plantas transgénicas de *Arabidopsis* pode melhorar o stress do alumínio e/ou o stress oxidativo. *Fisiologia Vegetal* 122:657-665.

Fabris, G.J., Harris, J.E. eSmith , J.D., 1982. Uptakeofcadmiumbythe ervas marinhasHeterozostera tasmanicafrom Corio Bay and Western Port, Victoria. *Australian Journal of Marine and Fresh Water Research* 33:829-836.

Fergus, I.F., 1954. Toxicidade do manganês num solo ácido. *Queensland Journal of Agricultural Science* 11:15-21.

Fernandes, J.C. e Henriques, F.S., 1991. Efeitos bioquímicos, fisiológicos e estruturais do excesso de cobre nas plantas. *Botanical Rev iew* 57:246-273.

Fisher, N.S., Jones, G.J. e Nelson, D.M., 1981. Effects of Copper and Zinc on growth, morphology and metabolism of *Asterionella japonica* (Clcvc). *Journal of Experimental Biology and Ecology* 51:37-56.

Fleming, A.L., Schwartz, J.W.e Foy, C.D., 1974. Toxicidade do alumínio do solo nas plantas. *Agronomia* 66:715-719.

Forbes, T.L., Kure, L.K., Van Straalen, N.M., Lokke, H. e Chapman. 1997. Linking structure and function in marine sedimentary and terrestrialsoil ecosystems: implications for extrapolation from the laboratory to the field. *In:* Ecological risk assessment of contaminants in soil. *Ecotoxicologia* 5:127156.

Fox, T.R. e Comerfield, N.B., 1990. Ácido orgânico de baixo peso molecular 520. *Soil Science Society of America Journal* 54:1112-1117.

Foy C.D., 1992. Factores químicos do solo que limitam o crescimento das raízes das plantas. *Em:* Hatfield J.L., Stewart B.A. (Eds.), Advances in Soil Sciences: Limitations to Plant Root Growth. Springer Verlag, Nova Iorque, pp. 97-149.

Foy C.D., 1984. Efeitos fisiológicos da toxicidade do hidrogénio, alumínio e manganês em solos ácidos. *In:* Adams, F. (Ed.), Soil Acidity and Limiting, Segunda Edição, Sociedade Americana de Agronomia. Madison, Wisconsin, pp. 57-97.

Foy, C. D. e Barber, S. A., 1958. Absorção e utilização de magnésio por duas linhas consanguíneas de milho. *Soil Science Society of America Journal* 22:57-62.

Foy, C. D.e Fleming, A. L., 1965. Tolerância diferencial ao Al de duas variedades de trigo associadas a mudanças de pH induzidas por plantas em torno de suas raízes. *Soil Science* 29: 64-67.

Foy, C.D., 1988. Adaptação das plantas a solos ácidos e tóxicos para o alumínio. Commun. *Ciência do Solo e Análise de Plantas* 19: 959-987.

Foy, C.D., Pearson R.W. e Adams, F., 1984. Physiological Effects of Hydrogen, Aluminum and Manganese Toxicities in Acid Soil (Efeitos fisiológicos da toxicidade do hidrogénio, alumínio e manganês em solos ácidos). Acidez do solo e calagem. *Agronomia* 26:57-97.

Frantzios, G., Galatis, B. e Apostolakos, P., 2001. Efeitos do alumínio na organização de microtúbulos em células de ponta de raiz em divisão de Triticum turgidum II. Células citocinéticas. *Journal of Plant Research* 114:157-170.

Gagnon, V., Chazarenc, F., Comeau, Y. e Brisson, J., 2006. Influência das espécies de macrófitas na densidade e atividade microbiana em zonas húmidas construídas. Proc. 10th

International Water Association Conference on Wetland Systems for Water Pollution Control. MAOTDR (Ministério do Ambiente, do Ordenamento do Território e do Desenvolvimento Regional), Lisboa, Portugal, pp. 1025-1033.

Galvez, L. e Clark, R.B., 1991. Mudanças no pH da solução e na absorção de nitrato e amónio para genótipos de *sorgo* tolerantes e sensíveis ao alumínio *(Sorghum bicolor)* cultivados com e sem alumínio. *Planta e Solo* 134:179-188.

Gao, H., Liu, Y.G., Zeng, G.M., Xu, W.H., Li, T. e Xia, W.B., 2008. Caracterização da remoção de Cr (VI) de soluções aquosas por um excedente de resíduos agrícolas - palha de arroz. *Journal of Hazardous Materials* 150:446452.

Garbisu, C. e Alkorta, I., 2001. Fitoextracção: Uma tecnologia de base vegetal rentável para a remoção de metais do ambiente. *Bioresource Technology* 77:229-236.

Garcia-Miragaya, J., 1984. *Níveis, fracionamento químico e solubilidade do chumbo em solos de beira de estrada de Caracas. Ciência do Solo* 138:147-152.

Gersberg, R.M., Elkins, B.V., Lyon, S.R. e Goldman, C.R., 1986. Papel das plantas aquáticas no tratamento de águas residuais por zonas húmidas artificiais. *Water Research* 20:363-8.

Gesamp., 1990. The State of the Marine Environment. Blackwell Scientific Publications.

Gibson, M.J. e Farmer J.G. 1983. A survey of trace metal contamination in Glasgow urban soils. Actas da 4ª Conferência Internacional sobre Metais Pesados no Ambiente, CEP, Edimburgo, 1141-1144.

Grabski, S., Arnoys, E., Bush, B. e Schindler, M., 1998. Regulação da tensão da actina em células vegetais por cinases e fosfatases. *Plant Physiology* 116: 279-290.

Grauer, U.E. e Horst W.J., 1990. Effect of pH and nitrogen source on aluminium tolerance of rye *(Secale cereale)* and yellow lupin *(Lupinus luteus* L.). *Plant and Soil* 127:13-21.

Grimm, A., Zanzi, R., Bjornbom, E. e Cukierman, A.L., 2008. Comparação de diferentes tipos de biomassa para biossorção de cobre. *Bioresource Technology* 99:2559-2565.

Guerinot, M.L., 2000. A família ZIP de transportadores de metais. *Biochimica et Biophysica Ata* 1465:190-198.

Guisquiani, P. L., Concezzi, L., Businelli, M. e Macchioni, A., 1998. Destino da fração líquida de lamas de suínos em solos calcários: implicações agrícolas e ambientais. *Journal of Environmental Quality* 27: 364-371.

Guo, T.R., Zhang, G.P., Zhou, M.X., Wu, F.B. e Chen, J.X., 2004. Efeito da toxicidade do alumínio e do cádmio no crescimento e nas actividades das enzimas antioxidantes de dois genótipos de cevada com diferenças na tolerância ao Al. *Plant and Soil* 258:241-248.

Guptaa, S. e Babu, B.V., 2006. Adsorção de Cr(VI) por um adsorvente de baixo custo preparado a partir de folhas de neem. *Actas da Conferência Nacional sobre Conservação Ambiental* 175-180.

Ha, S.B., Smith, A.P., Howden, R., Dietrich, W.M., Bugg, S., O'Connell, M.J., Goldsbrough, P.B. e Cobbett, C.S., 1999. Phytochelatin synthase genes from *Arabidopsis* and the yeast *Schizosaccharomyces pombe* .*The Plant Cell* 11:1153-1163.

Hall, J.L., 2002. Cellular mechanisms for heavy metal detoxification and tolerance (Mecanismos celulares para desintoxicação e tolerância a metais pesados). *Experimental Botany* 53:1-11.

Hamilton, C.A., Good, A.G. e Taylor, G.J., 2001. Indução de ATPase vacuolar e ATP sintase mitocondrial por alumínio em uma cultivar de trigo resistente ao alumínio. *Fisiologia

Vegetal 125:2068-2077.

Han, R., Zhang, J., Zou, W., Xiao, H., Shi, J. e Liu, H., 2006. Biosorção de cobre(II) e chumbo(II) de uma solução aquosa por palha numa coluna de leito fixo. *Journal of Hazardous Materials B* 133:262-268.

Hanif, M.A., Nadeema, R., Bhatti, H.N., Ahmada, N.R. e Ansari, T.M., 2007. Biossorção de Ni(II) pela biomassa de *cassia fistula* (golden shower). *Journal of Hazardous Materials B* 139:345-355.

Harbison, P., 1986. Mangrove muds - a sink or source for trace metals. *Marine Pollution Bulletin* 17:246-250.

Hare, P.D. e Cress, W.A., 1997. Implicações metabólicas da acumulação de prolina induzida pelo stress nas plantas. Regulação *do crescimento das plantas* 21:79-102.

Hare, P.D., Cress, W.A. e Van Staden, J.1998. Dissecando os papéis da acumulação de osmólitos durante o stress. *Plant Cell Environment* 21:535-53.

Harter, R. D. e Naidu, R., 1995. Papel da complexação metalorgânica na sorção de metais pelos solos. *Advanced. Agronomia* 5:219-263.

Hartley, J., Cairney, J.W.G. e Meharg, A.A., 1997. Os fungos ectomicorrízicos apresentam tolerância adaptativa a metais potencialmente tóxicos no ambiente? *Plant and Soil* 189:303-319.

He, H.Z., Zhu, C.M., Lu, T., Zhang, R.Q., Zhao, N.M. e Liu, J.Y., 2002. Modelação do domínio rico em cisteína da proteína semelhante à metalotioneína vegetal. *Ata Botanica Sinica* 44; 1155-1159.

Heiss, S., Wachter, A., Bogs, J., Cobbett, C. e Rausch, T., 2003. A proteína fitoquelatina sintase (PCS) é induzida em folhas de Brassica juncea após exposição prolongada a Cd. *Journal of Experimental Botany* 54;1833-1839.

Herrick, J.E., 2000. A qualidade do solo como indicador de uma gestão sustentável das terras. *Applied Soil Ecology* 15;75-83.

Ho, Y. B., 1988. Níveis de metais em três macroalgas intertidais nas águas de Hong Kong. *Aquatic Botany* 29;367-372.

Ho, Y.S. e Ofomaja, A.E., 2006. Termodinâmica de biossorção de cádmio em farinha de copra de coco como biossorvente. *Biochemical Engineering Journal* 30; 117123.

Hopkin, S.P., 1989. Ecophysiology of Metals in Terrestrial Invertebrates (Ecofisiologia de Metais em Invertebrados Terrestres). Publicações Elsevier.

Hopkin, S.P., 2002. Biodiversidade de Collembola em solos urbanos e a utilização de Folsomia candida para avaliar a qualidade do solo. *Ecotoxicologia* 13;555-572.

Horst, W. J., Schmohl, N., Kollmeier, M., Baluska, F. e Sivaguru, M., 1999. O alumínio inibe o crescimento da raiz do milho através da interação com o continuum parede celular-membrana plasmática-citoesqueleto? *Plant and Soil* 215;163-174.

Horst, W.J., 1995. O papel do apoplasto na toxicidade do alumínio e na resistência das plantas superiores; uma revisão. *Z. Pflanzenernaehr Bodenkd* 158;419-428.

Huang, J.W., Pellet, D.M., Papernik, L.A. e Kochian, L.V., 1996. Interações do alumínio com o transporte de cálcio dependente de voltagem em vesículas da membrana plasmática isoladas de raízes de cultivares de trigo sensíveis e resistentes ao alumínio. *Plant Physiology* 110;561-569.

Huttermann, A., Arduini, I. e Godbold, D.L., 1999. Poluição por metais e declínio florestal. *Em*; Prasad, M.N.V. e Hagemeyer, J. (Eds.), Heavy metal stress in plants; from molecules to ecosystems. Springer-Verlag, Berlim, pp. 253-272.

Jacques, R.A., Limaa, E.C., Dias, S.L.P., Mazzocato, A.C. e Pavan, F.A., 2007. Casca de maracujá amarelo como biossorvente para remoção de Cr (III) e Pb (II) de solução aquosa. *Tecnologia de Separação e Purificação* 57;193-198.

Jamil, S., Abhilash, P.C., Singh, A., Singh, N. e Behl, H.M., 2009. Captura de cinzas volantes e capacidade de acumulação de metais das plantas; Implicações para a cintura verde em torno das centrais térmicas. *Landscape and Urban Planning* 92;136- 147.

Jentschke, G. e Godbold, D.L., 2000. Toxicidade de metais e ectomicorrizas. *Physiologia Plantarum* 109:107-116.

Jian Feng Ma, Peter, R. Ryan, e Emmanuel Delhaize, 2001. Tolerância ao alumínio nas plantas e o papel complexante dos ácidos orgânicos. *Tendências na ciência das plantas* 6:273-278.

Johnson, C.J. e Kross, B.C., 1990. Continuing importance of nitrate contamination of groundwater and wells in rural areas. *American Journal of Industrial Medicine* 8:449-56.

Jones, D.L., Kochian, L.V. e Gilroy, S., 1998. O alumínio induz uma diminuição da concentração de cálcio citosólico em culturas de células de tabaco BY-2. *Plant Physiology* 116:81-89.

Jones, M.D., Browning, M.H.R. e Hutchinson, T.C., 1986. The influence of mycorrhizal associations on paper birch and jack pine seedlings when exposed to elevated copper, nickel or aluminum. *Water, Air, and Soil Pollution* 31: 441-448.

Juwarkar, A.A. e Jambhulkar, H.P., 2008. Fitorremediação de lixeiras de minas de carvão através de uma abordagem biotecnológica integrada. *Bioresource Technol* ogy 99:4732-4741.

Kadlec, R.H., 1999. Constructed Wetlands for Treating Landfill Leachate (Zonas húmidas construídas para o tratamento de lixiviados de aterros sanitários). *In:* Mulamoottil, G., McBean, E.A. and Rovers, F., (Eds.), Constructed Wetlands for the Treatment of Landfill Leachates. Estados Unidos, Lewis Publishers.

Kahle, H., 1993. Resposta de raízes de árvores a metais pesados. *Botânica Ambiental e Experimental* 33:99-119.

Kalbasi, M., Racz, G.J. e Loewen Rudgers, L.A., 1978. Mecanismo de adsorção de zinco por óxidos de ferro e alumínio. *Ciência do Solo* 125:146-150.

Kao, C.H., 1981. Senescência de folhas de arroz. VI. Estudo comparativo das alterações metabólicas de folhas senescentes túrgidas e folhas excisadas com stress hídrico. *Plant and Cell Physiology* 22:683-685.

Kastori, R., Plesnicar, M., Sakac, D., Pankovic, D. e Arsenihjevic-Maksimovic, I., 1998. Effect of excess lead on sunflower growth and photosynthesis (Efeito do excesso de chumbo no crescimento e na fotossíntese do girassol). *Journal of Plant Nutrition* 21:75-85.

Keltjens, W.G., 1988. Efeitos a curto prazo da absorção de nutrientes do Al, efluxo de H+, respiração radicular e atividade da redutase do nitrato de dois genótipos de sorgo que diferem na suscetibilidade ao Al. *Ciência do Solo e Análise de Plantas* 19:1155-1163.

Knight, T.R. e Dick, R.P., 2004. Diferenciação da atividade da P-glucosidase microbiana e estabilizada em relação à qualidade do solo. *Soil Biology and Biochemistry* 36:2089-2096.

Kochian, L.V., Pineros, M.A. e Hoekenga, O.A., 2005. A fisiologia, a genética e a biologia molecular da resistência e toxicidade do alumínio nas plantas. *Plant and Soil* 274:175-

195.

Kollmeier, M., Felle, H. H. e Horst, W. J., 2000. As diferenças genotípicas na resistência do milho ao alumínio são expressas na parte distal da zona de transição. A redução do fluxo de basipetalauxina está envolvida na inibição do alongamento da raiz pelo alumínio? *Fisiologia Vegetal* 122:945-956.

Kramer, U., Cotter-Howells, J.D., Charnock, J.M., Baker, A.J.M. e Smith, A.C., 1996. Free Histidine as a metal chelator in plants that accumulate nickel. *Nature* 379:635-638.

Kramer, U., Smith, R.D., Wenzel, W., Raskin, I. e Salt, D.E., 1997. O papel do transporte e tolerância de metais na hiperacumulação de níquel por *Thlaspi goesingense* Halacsy. *Fisiologia Vegetal* 115:1641-1650.

Krupa, Z., Baranowska, M. e Orzol, D., 1996. Podem as antocianinas ser consideradas como indicadores de metais pesados em plantas superiores? *Ata Physiologia Plantarum* 18:147-151.

Kumar, P.B.A.N., Dushenkov, V., Motto, H. e Raskin, I., 1995. Phytoextraction: the use of plants to remove heavy metals from soil. *Environmental Science and Technology 29:1232-123.*

Kumar, P.B.A.N., Dushenkov, V., Motto, H. e Raskin, L., 1995. Phyto A utilização de plantas para remover os metais pesados dos solos

Ciência e Tecnologia Ambiental 29: 263-290.

Kumari, P., Sharma, P., Srivastava, S., e Srivastava, M.M., 2006. Estudos de biossorção em pó de sementes de *Moringa oleifera* lamarck sem casca: remoção e recuperação de arsénio de um sistema aquoso. *International Journal of Mineral Processing* 78:131-139.

Ladd, J.N., 1978. Origem e gama de enzimas no solo. *In*: Burns, R.G. (Eds.), Soil enzymes. Academic Press, Londres, pp. 117-147

Land berg, T. e Greger, M., 1996. Diferenças na absorção e tolerância a metais pesados em Salix de zonas não poluídas e poluídas. *Applied Geochemistry* 11:175-180.

Lasat, M.M., 2002. Phyto extractionoftoxicmetals : Areviewo fbiological mecanismos. *Journal of Environmenatl Quality* 31:109-120.

Lau, W.Y., Ho, S., Leung, T.W., Chan, M. e Ho, R., 1998. Radioterapia interna selectiva para carcinoma hepatocelular não ressecável com infusão intra-arterial de 90 microesferas de ítrio. *International Journal of Radiation Oncology Biology Physics* 40:583-92.

Lee, K.C., Cunningham, B.A., Chung, K.H., Paulsen, G.M. e Laing, G., 1976. Lead effects on several enzymes and nitrogenous compounds in soybean leaf. *Journal of Environmental Quality* 5:357-359.

Lesmanaa, S.O., Febrianaa, N., Soetaredjoa, F.E., Sunarsob, J. e Ismadji, S., 2009. Estudos sobre as potenciais aplicações da biomassa para a separação de metais pesados da água e das águas residuais. *Biochemical Engineering Journal* 44:1941.

Lewis, A.G. e Cave, W.R., 1982. The biological importance of copper in oceans and estuaries (A importância biológica do cobre nos oceanos e estuários). *Oceanography Biology Annual* 20:471-495.

Leyval, C., Tumau, K. e Haselwandter, K., 1997. Interações entre metais pesados e fungos micorrízicos em solos poluídos; aspectos fisiológicos, ecológicos e aplicados. *Mycorrhiza* 7; 139-153.

Li, Z. e Yu, S., 1990. Proteína e péptido de ligação ao metal Hea W em plantas. *Comunicação sobre Fisiologia Vegetal* 1 ;7-13

Ligon, W.S. e Pierre, W.H., 1932. Estudos de alumínio solúvel. II. Concentrações mínimas consideradas tóxicas para o milho, o sorgo e a cevada em soluções de cultura. *Ciência do Solo* 34:307-321.

Lim, C.Y., Yoo, Y.H., Sidharthan, M., Ma, W.M., Bang, I.C., Kim, J.M., Lee, K.S., Park, N.S. e Shin, H.W., 2006. Efeitos do óxido de cobre (1) no crescimento e nas composições bioquímicas de duas microalgas marinhas. Biologia *Ambiental* 27;461-466.

Liu, W., Zhou, Q., An, J., Sun, Y. e Liu, R., 2010. Variações na acumulação de cádmio entre as cultivares de couve chinesa e seleção de cultivares seguras em termos de Cd. *Journal of Hazardous Materials* 173;737-743.

Long, X., Yang X. e Ni, W., 2002. Situação atual e perspectivas da recuperação de solos contaminados por metais pesados. *Jornal de ecologia aplicada* 13;757-762.

Lorenc-Plucinska, G., e Ziegler, H., 1996. Changes in ATP levels in Scots pine needles during aluminium stress. *Photosynthetica* 32; 141 -144.

Ma, J.F., Zheng, S.J., Hiradate, S. e Matsumoto, H., 1997. Desintoxicação de alumínio com trigo sarraceno. *Nature* 390;569-570.

Ma, J.F., Zheng, S.J., Hiradate, S.e Matsumoto, H., 1997. Secreção específica de ácido cítrico induzida por stress de Al em *Cassia tora. Plant Cell Physiology* 38; 1019-1025.

Ma, L.Q. e Rao, G.N., 1997. Fracionamento químico de cádmio, cobre, níquel e zinco em solos contaminados. *Qualidade Ambiental* 26;259-264.

Ma, Z. e Miyasaka, S.C., 1998. Exsudação de oxalato pelo taro em resposta ao Al. *Plant Physiology* 118;861-865.

Makoi, J.H.R. e Ndakidemi, P.A., 2008. Enzimas selecionadas do solo; exemplos dos seus potenciais papéis no ecossistema. *Biotecnologia* 7:181-191.

Malea, P., Haritonidis, S. e Kevrekidis, T., 1995. A absorção de cobre a curto prazo pelas duas partes da erva marinha *Halophila stipulacea* (Forsk.) Aschers. e a viabilidade das células foliares. *Boletim Ambiental Fresenius* 4; 117-122.

Malins, D.C., Ostrander, Lewis, G.K., e Boca Raton, F.L., 1993. *Aquatic Toxicology-Molecular, Biochemical and Cellular Perspectives* 56;387-420.

Maltby, L., Calow, P., Munawar, M., Dixon. G., Mayfield, T., Reynoldson, T. e Sadar, M.H. 1989. (Eds.), The application of bioassays in the resolution of environmental problems past, present and future. *Environmental Bioassay Techniques and Their Application* 42;65-77.

Mantovi, P., Bonazzi, G., Maestri, E. e Marmiroli, N., 2003. Acumulação de cobre e zinco de estrume líquido em solos agrícolas e plantas cultivadas. *Plant Soil* 250:249-257.

Mantovi, P., Bonazzi, G., Maestri, E. e Marmiroli, N., 2003. Acumulação de cobre e zinco de estrume líquido em solos agrícolas e plantas cultivadas. *Plant Soil* 250:249-257.

Marienfeld, S., Schmohl, N., Klein, M., Schroder, W. H., Kuhn, A. J. e Horst, W.J., 2000. Localisation of aluminium in root tips of *Zea mays* and *Vicia faba* (Localização do alumínio nas pontas das raízes de *Zea mays* e *Vicia faba). Journal of Plant Physiology* 156:666-671.

Martin, M., Micell, F., Morgan, J.A., Scalet, M. e Zerbi, G., 1993. Síntese de substâncias osmoticamente activas nas folhas de trigo de inverno em relação com a resistência à seca de diferentes genótipos. *Journal of Agronomy and Crop Science* 171:176-184.

May, H.M. e Nordstrom, D.K., 1991. Avaliação das solubilidades e cinética das reacções de minerais aluminosos nos solos. *In*: Ulrich, B. e Summer, M.E. (Eds.), Springer, Berlim, Alemanha, pp. 125-148.

McBride, M.B., 1982. Investigação por ressonância de spin eletrónico da complexação de Mn2+ em compostos orgânicos naturais e sintéticos. *Soil Science Society of America Journal* 46:1137-1143.

McGrath, S.P., Sanders, J.R. e Shalaby, M.H., 1988. The effects of soil organic matter levels on soil solution concentrations and extractabilities of manganese, zinc and copper. *Geoderma* 42:177-188.

McIntyre, T.C., 2003. Bases de dados e protocolo para a seleção de plantas e microrganismos: hidrocarbonetos e metais *In*: McCutcheon, S.C. e Schnoor, J.L. (Eds.), Phytoremediation: Transformation and control of contaminants John Wiley and Sons Inc., Hoboken, NJ, USA, 887-904.

Memon, A.R , Aktoprakligil, D., Ozdemır, A. e Anastassiia, V., 2001. Acumulação de metais pesados e mecanismos de desintoxicação nas plantas. *Turkey journal of Botany* 25:111-121.

Mikanova, O., 2006. Efeitos dos metais pesados em alguns parâmetros biológicos do solo. *Geochemical Exploration* 88;220-223.

Minguzzi, C. eVergnano , O., 1948. 11contenutodiniche1nelleceneridi *Alyssum bertolonii. Atti della Societa Toscana de Scienze Naturali di Pisa* 55:49-74.

Misra, S. e Gedamu, L., 1989. Plantas transgénicas de *Brassica napus* L. e *Nicotiana tobacum* L. tolerantes a metais pesados. *Teoria da Genética Aplicada* 78:16-18.

Miyasaka, S.C., Buta, J., Hotel, R. e Foy, C., 1991. Mecanismo de tolerância ao alumínio em snapbean, exsudação radicular de ácido cítrico. *Fisiologia Vegetal* 96:737743.

Mo. e Li., 1992. Quantidade de *metais pesados* e outros contaminantes terríveis, os metais pesados apresentam efeitos deletérios na divisão celular das plantas. *Tropical Plant Research* 14:9-61.

Mocquot, B., Vangronsveld, J., Clijsters, H. e Mench, M., 1996. Toxicidade de cobre em plantas de milho jovem (*Zea mays* L.): efeitos no crescimento, conteúdo mineral e de clorofila, e actividades enzimáticas. *Plant and Soil* 182;287-300.

Moffat, A.S., 1999. Engenharia de plantas para lidar com metais. *Ciência* 285:369370.

Mohan, S. eSreelakshmi , G., 2008. Fixedbedcolumn studyforheavymetal utilizando casca de arroz tratada com fosfato. *Journal of Hazardous Material* 153:75-82.

Mongkolvisut, W. e Sutthivaiyakit, S., 2007. Diterpenóides de jatrofano antimaláricos e antituberculosos *poli-O-acilados* de *Pedilanthus tithymaloides*. *Jornal de Produtos Naturais* 70:1434-1438.

Moreno, E., Sagnotti, L., Dinares-Turell, J., Legzdins, A.E. e Cascella, A., 2003. Biomonitorização da poluição atmosférica do tráfego em Roma utilizando as propriedades magnéticas das folhas das árvores. *Atmospheric Environment* 37:2967-2977.

Mossor-Pietraszewska, T., Kwit, M., Legiewicz. M., 1997. A influência dos iões de alumínio nas alterações de atividade de algumas desidrogenases e aminotransferases no tremoço amarelo. *Planta e solo* 34:47-48.

Moustakas, M., Ouzounidou, G., Eleftheriou, E.P. e Lannoye, R., 1996. Efeitos indirectos do stress do alumínio sobre a função do aparelho fotossintético. *Plant Physiology and Biochemistry* 34:553-560.

Msaky, J.J. e Calvet, R., 1990. Comportamento de adsorção de cobre e zinco em solos: influência do pH nas caraterísticas de adsorção. *Ciência do Solo* 150:513-522.

Munns, D. N., Jacobson, L. e Johnson, C. M., 1963. Absorção e distribuição de manganês em plantas de aveia. *Plant and Soil* 19: 193-204.

Munns, R., 2005. Genes and salt tolerance: bringing them together. *New Phytologist* 167:645-663.

Naidu, B.P., Paleg, L.G., Aspinall, D., Jennings, A.C. e Jones, G.P., 1991. Acumulação de aminoácidos e glicina betaína em plântulas de trigo sujeitas a stress pelo frio. *Phytochemistry* 30:407-409.

Nichol, B.E. e Oliveira, L.A.,1995. Efeitos do alumínio no crescimento e distribuição de cálcio em raízes de uma cultivar de cevada (*Hordeum vulgare*) sensível ao alumínio, *Canadianjournal of botany* 73:1849-1858.

Nieboer, E. e Richardson, D.H.S., 1980. A substituição do termo indescritível metais pesados pela classificação biológica e quimicamente significativa dos iões metálicos. *Environment Pollution* 1:3-26.

Nosko, P., Brassard, P., Kramer, J. R. e Kershaw K. A., 1988. O efeito do alumínio na germinação de sementes e no prúceo (*Picea glauca*). *Canadian Journal of Botany* 66:2305-2310.

Nosko, P., Brassard, P., Kramer, J.R. e Kershaw, K.A., 1988. O efeito do alumínio na germinação de sementes e no estabelecimento de plântulas de crescimento inicial, crescimento e respiração do abeto branco (*Picea glauca*). *Canadian Journal of Botany* 66:2305-2310.

Nweke, C.O., Ntinugwa, V., Obah, I.F., Ike, S.C., Eme, G.E., Opara, E.C., Okolo, J.C. e Nwanyanwu, V., 2007. Efeitos in vitro de metais e pesticidas na atividade da desidrogenase na comunidade microbiana do rizoplano do feijão-frade (*Vigna unguiculata*). *Jornal Africano de Biotecnologia* 6:290-295.

Obbard, D.J., Jiggins, F.M., Bradshaw, N.J. e Little, T.J., 2011. Varreduras selectivas recentes e recorrentes do gene antiviral RNAi Argonaute-2 em três espécies *de Drosophila*. *Biologia Molecular e Evolução* 28:1043-1056.

Ofomaja, A.E., e Ho, Y., 2007. Efeito do pH na biossorção de cádmio pela farinha de copra de coco. *Journal of Hazardous Material B* 139:356-362.

Ohki, K., 1987. Stress de alumínio no crescimento do sorgo e relações de nutrientes. *Plant and Soil* 98:195-202.

Pacyna, J.M. e Keeler, G. L., 1994. Sources of mercury in the Arctic (Fontes de mercúrio no Ártico). *Water Air Soil Pollution* 80:621-632.

Pacyna, J.M. e Winchester, J.W., 1990. Contaminação do ambiente global como observado no Ártico . *Palaeogeography, Paleoclimatologia, Paleoecologia* 82:149-157.

Panda, S.K. e Choudhury, S., 2005. Chromium stress in plants. *Fisiologia Vegetal* 17:95-102.

Pehlivan, E. e Altun, T., 2008. Biossorção de iões de crómio (VI) de soluções aquosas utilizando casca de noz, avelã e amêndoa. *Journal of Hazardous Material B* 155:378-384.

Pellet, D.M., Grunes, D.L. e Kochian, L.V., 1995. Exsudação de ácidos orgânicos como mecanismo de tolerância ao alumínio no milho (*Zea mays*). *Planta* 196:788-795.

Peng, L., Wenjian, Z. e Zhenji, L., 1997. Distribuição e acumulação de metais pesados na comunidade Avicennia marina em Shenzhen, China. *Journal of Environmental Sciences* 9:472-479.

Peng, M. e Wang. H., 1991. A variação da ultra-estrutura celular das plântulas de milho (Zea mays L.). *China Environmental Science* 11:426-431.

Perucci, P., 1992. Atividade enzimática e biomassa microbiana num solo de campo alterado com resíduos urbanos. *Biologia e Fertilidade dos Solos* 14:54-60.

Pilon-Smith, E. e Pilon, M., 2002. Fitorremediação de metais utilizando plantas transgénicas. *Ciências das Plantas* 21:439-456.

Pilon-Smits, E. e Pilon, 2000. Reprodução de plantas que respiram mercúrio para limpeza ambiental. *Trends in plant Science* 5:235-236.

Pilon-Smits, E., 2005. Fitorremediação. *Biologia Vegetal* 56:15-39.

Pilon-Smits, E.A.H., de Souza, M.P., Hong, G., Amini, A. e Bravo R.C., 1999. Volatilização e acumulação de selénio por vinte espécies de plantas aquáticas. *Qualidade Ambiental* 28:1011-1017.

Pinkas, L. L. H. e Smith, L. H., 1966. Base fisiológica da acumulação diferencial de estrôncio em dois genótipos de cevada. *Plant Physiology* 41:56-71.

Pino, G.H., Mesquita, L.M.S., Torem, M.L. e Pinto, G.A.S., 2006. Biosorção de cádmio por pó de casca de coco verde. *Engenharia de Minerais* 19:380-387.

Posthuma, L., Van Straalen, N.M., Lokke, H. e Chapman. 1997. Effects of toxicants on population and community parameters in field conditions, and their potential use in the validation of risk assessment methods. *In*: Ecological risk assessment of contaminants in soil. *Ecotoxicologia* 5:85-123.

Prasad, M.N.V. e Freitas, H.M.D., 2003. Hiperacumulação de metais em plantas - Prospeção de biodiversidade para tecnologia de fitorremediação. *Eletrónica Biotecnologia* 93:285-321.

Prasad, M.N.V. e Strzalka, K., 1999. Impacto dos metais pesados na fotossíntese. *In*: Prasad, M.N.V., Hagemeyer, J. (Eds.), Heavy Metal Stress in Plants: From Molecules to Ecosystems. Springer, Berlim, pp. 117-138.

Prasad, M.N.V., 1999. Metalotioneínas e complexos de ligação a metais em plantas. *Em*: Prasad, M.N.V. e Hagemeyer, J. (Eds.), Heavy metal stress in plants: from molecules to ecosystmes. Springer-Verlag, Berlim, pp. 51-72.

Rainbow, P.S., 2007. Bioacumulação de metais vestigiais: Modelos, disponibilidade metabólica e toxicidade. *Ambiente Internacional* 33:576-582.

Rao, R.A.K. e Khan, N.A., 2007. Remoção e recuperação de iões Cu(II), Cd(II) e Pb(II) de sistemas mono e multimetálicos por operação em descontínuo e em coluna em bolo de óleo de neem (NOC), *Seperation and Purification Technology* 57:394-402.

Raskin, I., Smith, R.D. e Salt, D.E., 1997. Fitorremediação de metais utilizando plantas para remover poluentes do ambiente. *Current Opinion of Biotechnology* 8:221-226.

Rauser, W.E., 1999. Structure and function of metal chelators produced by plants- the case for organic acids, amino acids, phytin and metallothioneins. *Cell Biochemistry and Biophysics* 31: 19-48.

Reddy, A.R., Sundar, D. e Gnanam, A., 2003. Photosynthetic flexibility in *Pedilanthus tithymaloides* Poit, a CAM plant. *Journal of Plant Physiology* 160:75-80.

Reeves, R.D. e Baker, A.J.M., 2000. Fitorremediação de metais tóxicos. *Em*: Raskin, I., Ensley, B.D. (Eds.), Using Plants to Clean Up the Environment. John Wiley and Sons, Nova Iorque, pp. 193-229.

Reeves, R.D., 2003. Hiperacumuladores tropicais de metais e seu potencial para fito-extração. *Planta e Solo* 249:57-65.

Regan, T., Frank, Robert, H., Thomas Gilovich e Dennis, 1993. Does Studying Economics Inhibit Cooperation? *Journal of Economic Perspectives* 7:159171.

Reidel, G.F., Abbe, G.R. e Sanders, J.G., 1995. Acumulação de prata e cobre em dois bivalves estuarinos, a ostra oriental (*Crassostrea virginica*) e o mexilhão de gancho (*Ischadium rearrum*). *Estuários* 18:445-455.

Rengel, Z. e Robinson, D.L., 1989. Efeitos do alumínio no crescimento e na absorção de acronutrientes pelo azevém anual. *Agronomia* 81:208-215.

Rhodes, D., Nadolska-Orczyk, A. e Rich, P.J., 2002. Salinity, osmolytes and compatible solutes *In:* Lauchli, A., Luttge, U. (Eds.), Salinity, Environment, Plant, Molecules. Al-Kluwer Academic Publishers. Países Baixos, pp. 181204.

Richards, K.D., Snowden, K.C. e Gardner, R.C., 1994. *wali6* e *wali7*.Genes induzidos pelo alumínio em raízes de trigo *(Triticum aestivum* L.). *Fisiologia Vegetal* 105:1455-1456.

Robinson, N.J., Tommey, A.M., Kuske, C. e Jackson, P.J., 1993. Plant metallothioneins. *Biochemical Journal* 295:1-10.

Rufty, T.W., Mackown, C.T., Lazof, D.B.e Carter, T.E., 1995. Effects of aluminium on nitrate uptake and assimilation (Efeitos do alumínio na absorção e assimilação de nitrato). *Plant Cell Environment* 18:1325-1331.

Ruiz, J.M., Blasco, B., Rios, J.J., Cervilla, L.M., Rosales, M.A., Rubio-Wilhelmi, M.M,, Sanchez-Rodriguez, E., Castellano, R. e Romero, L., 2009. Distribuição e eficiência da fito-extração de cádmio por diferentes quelatos orgânicos. *Terra Latino Americana* 27:296-301.

Salomons, W. e Forstner, U., 1984. Metais no hidrociclo. *Springer* -Verlag, Berlim, Heidelberg, Nova Iorque.

Salt, D.E., e Kramer, U., 1999. Mecanismos de hiperacumulação de metais em plantas. *In*: Raskin, I. e Ensley, B.D. (Eds.), Phytoremediation of toxic metals: using plants to clean-up the environment. John Wiley and Sons, Nova Iorque, pp. 231-246.

Salt, D.E., Blaylock, M., Kumar, P.B.A.N, Dushenkov, V., Ensley, B.D., Chet, I. e Raskin, I., 1995. Fitorremediação: uma nova estratégia para a remoção de metais tóxicos do ambiente utilizando plantas. *Biotecnologia* 13:468-474.

Salt, D.E., Smith, R.D. e Raskin, I., 1998. Phytoremediation. *Plant Physiology* and *Plant Molecular Biology* 49: 643-668.

Sanita di Toppi, L. e Gabbrielli, R., 1999. Resposta ao cádmio em plantas superiores. *Botânica Ambiental e Experimental* 41:105-130.

Sarkunan, V., Biddappa, C.C. e Nayak, S.K., 1984. Fisiologia da toxicidade do Al no arroz. Ciência *Atual* 53:822-824.

Sauve, S., McBride, M.B., Norvell, W.A. e Hendershot, W.H., 1997. Solubilidade do cobre e especiação de solos contaminados in situ: efeitos do nível de cobre, pH e matéria orgânica. *Water, Air and Soil Pollution* 100:133-149.

Schat, H., Sharma, S.S. e Vooijs, R., 1997. Acumulação de prolina livre induzida por metais pesados num ecótipo de *Silene vulgaris* tolerante e não tolerante a metais. *Physiology Plant* 101:477-82.

Schiewer, S. e Patil, S.B., 2008. Resíduos de fruta ricos em pectina como biossorventes para a remoção de metais pesados: equilíbrio e cinética. *Bioresource Technology* 99:18961903.

Schroeder, P.B. e Thorhaug, A., 1980. Trace metal cycling in tropical-subtropical estuaries dominated by the seagrass *Thalassia testudium*. *American Journal of Botany* 67:1075-1088.

Shah, K. e Dubey, R.S., 1997. Effect of cadmium on proline accumulation and ribo nuclease activity in rice seedlings role of proline as a possible enzyme protectant. *Biological Plants* 40:121-130.

Sharma, A. e Bhattacharyya, K.G., 2004. Adsorção de crómio (VI) em pó de folhas de *Azadirachta indica* (neem). *Adsorção* 10:327-338.

Sharma, P. e Dubey, R.S., 2005. Toxicidade do chumbo em plantas. *Revista Brasileira de Fisiologia Vegetal* 17:35-52.

Shaw, W.H.R. e Raval, D. N., 1961. The Inhibition of Urease by Metal Ions at pH 8.9. Sociedade *Americana de Química* 83:3184-3187.

Shea, P. F., Gerloff, G. C. e Gabelman, W. H., 1968. Differing efficiencies of potassium utilization in strains of snap beans, *Phaseolus vulgaris*. *Plant and Soil* 28:337-346.

Silva, R., Smyth, T.J., Moxley, D.F., Carter, T.E., Allen, N.S. e Rufty, T.W., 2000.Acumulação de alumínio nos núcleos das células na ponta da raiz. Deteção de fluorescência usando lumogalião e microscopia confocal de varrimento a laser. *Fisiologia Vegetal* 123:543-552.

Singh, K.P. e Singh, K., 1981. Estudos fisiológicos de stress sobre a germinação de sementes e o crescimento de plântulas de híbridos de trigo. *Indian Journal of Physiology* 24:180186.

Singh, O.V., Labana, S., Pandey, G., Budhiraja, R. e Jain, R.K., 2003. Fitoremediação: Uma visão geral da descontaminação de iões metálicos do solo. *Applied Microbiology and Biotechnology* 61:405-412.

Sinicrope, T.L., Langis, R. Gersberg, R.M., Busnardo M.J. e Zedler J.B., 1992. Remoção de metais por mesocosmos de zonas húmidas sujeitos a diferentes hidroperíodos. *Ecological Engineering* 1:309-322.

Smith, R.A.H. e Bradshaw, A.D., 1979. A utilização de populações de plantas tolerantes a metais para a recuperação de resíduos metalíferos. *Jornal de Ecologia Aplicada* 16:595-612.

Snowden, K.C., Richards, K.D. e Gardner, R.C., 1995. Genes induzidos por alumínio. Introdução de metais tóxicos, baixo teor de cálcio e ferimentos e padrão de expressão em pontas de raiz. *Plant Physiology* 107:341-348.

Soleimani, M., Hajabbasi, M.A., Afyuni, M., Mirlohi, A., Borggaard, O.K. e Holm, P.E., 2010. Efeito dos fungos endofíticos na tolerância ao cádmio e na bioacumulação por *Festuca arundinacea* e *Festuca pratensis*. *International Journal of Phytoremediation* 12:535-549.

Somers, D.J. e Gustafson, J.P., 1995. A expressão de polipéptidos induzidos pelo stress do alumínio numa população de trigo (*Triticum aestivum*). *Genoma* 38:12131220.

Southichak, B., Nakano, K., Nomura, M., Chiba, N. e Nishimura, O., 2006. Biossorção de Pb(II) em biossorvente de junco derivado de zonas húmidas: efeito do pré-tratamento em grupos funcionais. *Ciência e Tecnologia da Água* 54:133-141.

Srinivas, J., Purushotham, A.V. e Murali Krishan, K.V.S.G., 2013. Os efeitos dos metais pesados na germinação de sementes e crescimento de plantas de Coccinia, Mentha e Trigonella em Timmapuram, E.G. District, Andhra Pradesh. *Revista Internacional de Investigação em Ciências Ambientais* 2:20-24.

Sun, Y., Zhou, Q., Wang, L. e Liu, W., 2009. Cadmium toleranceand caraterísticas de acumulação de *BidenspilosaL* . como um potencial agente de Cd- hiperacumulador. *Journal of Hazardous Materials* 161:808-814.

Sundaravadivelan, C., Padmanabhan, M.N., Sivaprasath, P. e Kishmu, L., 2013. Nanopartículas de prata biossintetizadas do extrato de folhas de *Pedilanthus tithymaloides* com atividade anti-desenvolvimento contra instares larvais de *Aedes aegypti* L. (Diptera; Culicidae). *Parasitology Research* 112:303-311.

Tabatabai, M.A., 1994. Enzimas do solo. *In:* Weaver, R.W., Angle, S., Bottomley, P., Bezdicek, D., Smith, S., Tabatabai, A. e Wollum, A. (Eds.), Methods of soil analysis. Parte 2. Propriedades microbiológicas e bioquímicas. Soil Science Society of America, Madison, pp. 775-833.

Takabatake, R. e Shimmen, T., 1997. Inibição da eletrogénese por alumínio em células de characean. *Plant Cell Physiology* 38:1264-1271.

Tanner, C.C., 2001. Crescimento e dinâmica de nutrientes do junco de caule mole em zonas húmidas construídas que tratam águas residuais ricas em nutrientes. *Wetlands Ecology and Management* 9:49-73.

Taylor, A.G., Allen, P.S., Bennett, M.A., Bradford, J.K., Burris, J.S. e Misra, M.K. 1998. Seed enhancements (melhoramento de sementes). *Seed Science Res* earch 8:245-256.

Taylor, G.J., 1991. Current views of the aluminum stress response: the physiological basis of tolerance. *Current Topics in Plant Biochemistry and Physiology* 10: 57-93.

Taylor, G.J., Blamey, F.P.C. e Edwards, D.G., 1998. Interações antagónicas e sinérgicas entre o alumínio e o manganês no crescimento de Vigna unguiculata a baixa força iónica. *Physiologia Plantarum* 104:183-194.

Thomine, S., Wang, R., Ward, J.M., Crawford, N.M. e Schroeder, J.I., 2000. Cadmium and iron transport by members of a plant metal transporter family in *Arabidopsis* with homology to *Nramp* genes. *Proceedings of the National Academy of Sciences* 97:4991-4996.

Thornton, F. C., Schaedle. M. e Raynal, D. L., 1986. Efeito do alumínio no crescimento do bordo de açúcar em cultura de solução. *Canadian Journal of Forest Research* 16:892-896.

Turner, R. G. e Gregory, R. P. G., 1967. The use of radioisotopes to investigate heavy metal tolerances in plants. *nutrição e* fisiologia *de plantas. A* 493-509.

PNUA, 1983. A review and the prospects for Open Ocean pollution monitoring. Relatório interno preparado para o Centro de Actividades do Programa Regional dos Mares.

Untawale, A.G., Wafer, S. e Bhosale, N. B., 1980. Seasonal Variation in Heavy Metal concentration in Mangrove Foliage. Mahasagar. *Boletim do Instituto Nacional de Oceanografia* 13:215-223.

Van Assche, F.V. e Clijsters, H., 1990. Effects of metals on enzyme activity in plants (Efeitos dos metais na atividade enzimática das plantas). *Plant Cell and Environment* 13:195-206.

Van Assche, F.V., Cardinaels, C. e Clijsters, H., 1988. Indução da capacidade enzimática em plantas como resultado da toxicidade de metais pesados: relações de resposta à dose em *Phaselous vulgaris* L., tratada com zinco e cádmio. *Environmental Pollution* 52:103-115.

Van assche. e Clijsters H., 1990. Effect of metals on enzyme activity in plants (Efeito dos metais na atividade enzimática das plantas). *Plant Cell Environment* 13:195-206.

Vangronsveld, J. e Clijsters, H., 1994. Efeitos tóxicos dos metais. *In*: Farago, M.E. (Ed.), Plants and the Chemical Elements. Biochemistry, Uptake, Tolerance and Toxicity. VCH, Weinheim, pp. 149-177.

Vangronsveld, J., Van Assche, F. e Clijsters, H., 1995. Recuperação de uma zona industrial nua contaminada por metais não ferrosos através da imobilização de metais in situ e da reflorestação. *Environmental Pollution* 87:51-59.

Verkleij, J.A.C. e Schat, H., 1990. Mecanismos de tolerância aos metais nas plantas. *Em*: Shaw, A.J. (Ed.), Heavy Metal Tolerance in Plants - Evolutionary Aspects. CRC Press, Boca Raton, FL, pp. 179-193.

Vose, P. B. andRandall , P. J., 1962. Resistance to aluminumandmanganese toxicidade em plantas relacionadas com a variedade e a capacidade de troca catiónica. *Nature* 196: 85-86.

Vroblesky, D.A., Nietch, C.T. e Morris, J.T., 1999. Etano clorado de águas subterrâneas em troncos de árvores. *Ciência e Tecnologia Ambiental* 33: 510-515.

Walton, B.T. e Anderson, T.A., 1992. Sistemas de tratamento de resíduos tóxicos por plantas e micróbios. *Parecer atual em biotecnologia* 3:267-270.

Wang, K., 1996. Efeitos do cádmio no crescimento de diferentes genéticas de arroz. *Ambiente ecológico rural* 12:18-23.

Wang, Q., Cui, Y. e Dong, Y., 2002. Phytoremediationofpollutedwaters potencial e perspectivas das plantas das zonas húmidas. *Ata Biotecnologia* 22:199-208.

Wang, X.S., Qin, Y. e Li, Z.F., 2006. Biosorção de zinco de soluções aquosas por farelo de arroz: estudos de cinética e equilíbrio. *Separation Science and Technology* 41:747-756.

Ward, T.J., 1989. A acumulação e os efeitos dos metais em habitats de ervas marinhas. *In*: Larkum, A.W.D., McComb, A.J., Shepherd, S.A. (Eds.), Biology of Seagrasses: A Treatise on the Biology of Seagrasses with Special Reference to the Australian Region. Elsevier, Nova Iorque, pp. 797-820

Weckx, J.E.J. e Clijsters, M.M., 1997. A fitotoxicidade do Zn induz stress oxidativo nas folhas primárias de *Phaseolus vulgaris*. *Plant Physiology and Biochemistry* 35:405-410.

White, P.M., Wolf, D.C., Thoma, G.J. e Reynolds, C.M., 2006. Fitorremediação de hidrocarbonetos policíclicos aromáticos alquilados num solo contaminado com petróleo. *Water, Air and Soil Pollu* tion 169:207-220.

Williams, L.E., Pittams, J.K., e Hall, J.L., 2000. Mecanismos emergentes para o transporte de metais pesados em plantas. *Biochimica et Biophysica Ata- Biomembranes* 1465:104-126.

Wong, M.W., 2003. Restauração ecológica de solos degradados por minas, com ênfase em solos contaminados por metais. *Chemosphere* 50:775-780.

Wozny, A. e Krzeslowska, M., 1993. Resposta das células vegetais ao Pb. *Ata Societatis Botanicorum Poloniae* 62:101-105.

Wu, P., Liao, C.Y., Hu, B., Yi, K.K., Jin, W.Z., Ni, J.J. e He, C., 2000. QTLs e epistasia para tolerância ao alumínio em arroz (*Oryza sativa* L.) em diferentes estágios de plântulas. *Theoretical Applied Genetics* 100:1295-1303.

Wutscher, H.K. e Nardini, 1970. Níveis de nutrientes nas folhas, clorose e crescimento de toranjeiras jovens em 16 porta-enxertos cultivados em solo calcário. *Journal* of the *American Society* for *Horticultural Science* 95:259-261.

Xu, Q. e shi, G., 2000. Os efeitos tóxicos do Cd único e a interação do Cd com o Zn em alguns índices fisiológicos de [Oenanthe javanica (Blume) DC]. J Universidade Normal de Nanjing. *Ciências Naturais* 23 (4) 97-100.

Yadav, S.K., 2010. Heavy metals toxicity in plants: an overview on the role of glutathione and phytochelatins in heavy metal stress tolerance of plants. *South African Journal of Botany* 76:167-179.

Yang, D., Xu, C. e Zhang, F., 1989. Efeitos de Cd 2ji no sistema fotossintético II do cloroplasto de espinafre. *Ata Botania Sinica* 31:702-707.

Yang, R., Zeng, Q. e Zhou, X., 2000. O impacto ativado de exsudados de raízes de plantas em metais pesados em solos contaminados por rejeitos de minério de chumbo-zinco. *Proteção Agroambiental* 19:152-155.

Yang, X.E., X.X. Long, W.Z. Ni e C.X. Fu. 2002. Sedum alfredii H: uma nova planta hiperacumuladora de Zn encontrada pela primeira vez na China. *Boletim Científico Chinês* 47:1634-1637.

Yang, X.E., Ye, H.B., Long, X.X., He, B., He, Z.L., Stoffella, P.J. e Calvert, D.V., 2004. Absorção e acumulação de cádmio e zinco por *Sedum alfredii* Hance em diferentes níveis de fornecimento de Cd/Zn. *Journal of Plant Nutrition* 27:1963-1977.

Yang, Z.M., Sivaguru, M.e Horts, W.J., 2001. A tolerância ao alumínio é alcançada pela exsudação de ácido cítrico das raízes da soja (*Glycine max*). *Physiologia Plantarum* 110:72-74.

Yoon , J., Cao, X., Zhou, Q. e Ma, L.Q., 2006. Acumulação de Pb, Cu e Zn em plantas nativas que crescem num local contaminado da Florida. *Science of the Total Environment* 368:456-464.

Yaranyika , M.F. e Ndapwadza, T., 1995. Absorção de Ni, Zn, Fe, Co, Cr, Pb, Cu e Cd pelo jacinto de água (*Eichhornia crassipes*). *Ciência Ambiental e Saúde* 30:157-169.

Yhang , G., Slaski, J.J., Archambault, D.J. e Taylor, G.J., 1997. Alteração dos lípidos da membrana plasmática em genótipos de trigo resistentes ao alumínio e sensíveis ao alumínio em resposta ao stress do alumínio. *Physiologia Plantarum* 99: 302-308.

Yhang , Y., Cai, T. e Burkard, G., 1999. Avanços na investigação sobre os mecanismos de tolerância a metais pesados nas plantas. *Ata Botanica Sinica* 41:453-457.

Yheng , S.J. e Yang, J.L., 2005. Locais-alvo da fitotoxicidade do alumínio. *Biologia Plantarum* 49:321-331.

Yhou , Q.X. e Song, Y.F., 2004. Princípios e métodos de correção de solos contaminados. Science Press, Pequim, p.568.

Yhu , Y., Pilon - Smits, E.A.H., Tarun, A., Weber, S.U., Jouanin, L. e Terry, N., 1999b. A tolerância e acumulação de cádmio na mostarda indiana é reforçada pela expressão excessiva de *y-glut* amil cisteína sintetase. *Plant Physiology* 121:1169-1177.

Yhu   , Y., Pilon-Smits, E.A.H., Jouanin, L. e Terry, N., 1999. A sobre-expressão da glutationa sintetase em *Brassica juncea* aumenta a tolerância e a acumulação de cádmio. *Plant Physiology* 119:73-79.

137

PUBLICAÇÕES

1. Sujatha, K. e Mehar, SK., 2014. Potencial de fitorremediação de alumínio das *variedades de Pedilanthus. Jornal de pesquisa de riachos indianos* 4: 1-7.

2 . Sujatha, K. e Mehar, SK., 2015. Efeitos tóxicos do alumínio nas plantas. *Jornal Indiano de Ciência das Plantas* 4:1-4.

Indian Streams Research Journal
ISSN 2230-7850
Impact Factor : 2.1506(UIF)
Volume-4 | Issue-11 | Dec-2014
Available online at www.isrj.org

POTENCIAL DE FITORREMEDIAÇÃO DE ALUMÍNIOS DE VARIEDADES DE PEDILANTHUS

K. Sujatha[1] e Santosh Kumar Mehar[2]

[1] Departamento de Botânica, Universidade Sri Venkateswara, Tirupati, Índia.
[2] Departamento de Botânica, J.N.V. University, Jodhpur, Rajasthan, Índia.

Resumo:- A toxicidade do alumínio é uma limitação importante à produção agrícola mundial, sendo mais frequente em solos ácidos. Uma vez que % das terras potencialmente aráveis do mundo são ácidas, o problema requer mais atenção. Por conseguinte, o presente estudo foi efectuado para avaliar o potencial de remediação de Al das variedades de Pedilanthus. As plantas foram cultivadas em várias concentrações de solos tratados com AlCl3 durante 12 semanas. Os comprimentos das raízes e dos rebentos foram medidos e registados. O Al acumulado e permanecido nas plantas e no solo, respetivamente, foi quantificado utilizando espetrometria de emissão ótica com plasma indutivamente acoplado (ICP-OES). Os resultados do presente estudo revelaram uma elevada acumulação de Al em ambas as variedades de Pedilanthus sem quaisquer sinais de toxicidade do Al em termos de comprimento das raízes e dos rebentos. Por conseguinte, ambas as variedades podem ser utilizadas para combater a toxicidade do Al e proteger as plantas cultivadas da perda de produtividade.

Palavras-chave:

INTRODUÇÃO

O alumínio (Al) é o terceiro elemento metálico mais abundante no solo, depois do oxigénio e do silício. Está presente em grande parte sob a forma de minerais de aluminossilicato, pelo que quantidades muito pequenas aparecem na forma solúvel, capazes de afetar os sistemas biológicos (May e Nordstrom, 1991). A biodisponibilidade do Al para as plantas e a sua toxicidade são um dos principais obstáculos à produção vegetal em solos ácidos em todo o mundo. Quando o pH do solo desce abaixo de 5, os iões Al3+ são libertados para o solo e entram nas células das pontas das raízes, impedindo o seu crescimento. Assim, o principal alvo do Al é a ponta da raiz. Provoca a inibição do alongamento e da divisão celular, conduzindo a um atraso no crescimento da raiz, acompanhado de uma redução da absorção de água e de nutrientes. Ao nível dos tecidos, a parte distal da zona de transição é mais sensível ao Al. Muitos componentes celulares estão implicados na toxicidade do Al, incluindo o ADN no núcleo, numerosos compostos do citoplasma, mitocôndrias, a membrana plasmática e a parede celular a nível celular e molecular.

Muitas das práticas agrícolas, como a remoção de produtos da exploração, a lixiviação do azoto abaixo da zona radicular das plantas, a utilização inadequada de fertilizantes azotados e a acumulação de matéria orgânica, estão a causar a acidificação dos solos agrícolas. Por conseguinte, a produção de culturas alimentares de base, em especial de cereais, é gravemente afetada (Kochian et al., 2005).

Existem várias técnicas convencionais de remediação que podem ser utilizadas para remover o Aluminim, tais como a estabilização, a lavagem do solo, a lavagem do solo, a escavação, a recuperação e a eliminação fora do local. No entanto, a maioria destas tecnologias são dispendiosas de implementar e causam mais perturbações no ambiente já danificado (Lasat, 2000). Devido a estes inconvenientes, as tecnologias de fitoremediação estão a ser continuamente investigadas para encontrar possíveis soluções.

Apesar de terem sido efectuadas muitas investigações sobre muitas plantas e muitos metais, os estudos sobre a fitorremediação do alumínio são comparativamente ignorados/esquerdos. Pedilanthus tithymaloides, pertencente à família Euphorbiaceae, é um pequeno arbusto tropical. As duas variedades de Pedilanthus viz., Pedilanthus tithymaloides var. variegatus e P. tithymaloides var. tithymaloides. P. tithymaloides var. tithymaloides foi estudada por Jamil et al.

Anuranjan Minj[1] , Satpal[2] , Pramod Singh Narwaria[3] e Pramod Kumar Das[4] , "A COMPARISON OF SPRINTERS, MIDDLE DISTANCE RUNNERS AND LONG DISTANCE RUNNERS ON SELECTED PHYSIOLOGICAL VARIABLES" Indian Streams Research Journal | Volume 4 | Issue 11 | Dec 2014 | Online & Print

(2009) pela sua capacidade de retenção de poeiras e de acumulação de metais nas suas folhas quando cultivadas na berma da estrada. Os autores registaram uma acumulação eficiente de Fe, Zn, Cr, Cd, Ni, Mn e Cu entre as 10 espécies de plantas escolhidas para o seu trabalho. Assim, no presente estudo, foi avaliado o potencial de fitorremediação de variedades de Pedilanthus para o Al.

MATERIAIS E MÉTODOS

1. Recolha de materiais vegetais

Duas variedades de Pedilanthus tithymaloides foram colhidas no jardim botânico da Universidade S.V., Tirupati, e a identificação foi confirmada pelo taxonomista do Departamento de Botânica da Universidade Sri Venkateswara, Tirupati, A.P., Índia. O espécime de controlo foi depositado para referência futura.

2. Procedimento experimental

Pedilanthus var. A (Pedilanthus tithymaloides L. var. variegatus) Pedilanthus var B (Pedilanthus tithymaloides L. var. tithymaloides) estacas caulinares de 8g de peso foram plantadas em vasos plásticos contendo 500g de solo peneirado (peneirado através de poros de 2mm). Os vasos foram agrupados (n=3) em C-Controlo,1-100ppm,2-200ppm,3- 300ppm,4-400ppm,5-500ppm com base nos tratamentos com Al. Aos grupos de tratamento foi adicionada uma solução de cloreto de alumínio nas respectivas concentrações. Todos os grupos foram deixados a crescer durante 12 semanas e, no final, as plantas foram colhidas e os comprimentos das raízes e dos rebentos foram medidos com uma balança. A biomassa das plantas e o solo de cada grupo foram retidos e armazenados para a estimativa do Al acumulado e permanecido neles, respetivamente.

3. ESPECTROMETRIA DE EMISSÃO ÓPTICA COM PLASMA INDUTIVAMENTE ACOPLADO (ICPOES)

Preparação das amostras pelo método de digestão por micro-ondas

A preparação das amostras de plantas e de solo foi efectuada por um sistema de digestão por micro-ondas (CEM corporation ltd.). Cerca de 1 g (massa seca) da amostra foi pesada diretamente nos recipientes de PTFE, aos quais foram adicionados 10 mL de HNO3 concentrado e os recipientes foram imediatamente tapados. O programa de digestão consistiu num tempo de rampa de 10 minutos para atingir 150 oC e um tempo de permanência de 10 minutos a 150 oC. A potência foi de 800 W. Após a conclusão do programa, os recipientes foram arrefecidos, ventilados e abertos e, em seguida, foram adicionados 2 ml de H2O2 a 30%, tendo a solução sido filtrada para balões volumétricos de 25 ml e o volume completado com água bidestilada. Os ensaios em branco foram preparados seguindo um procedimento de digestão semelhante, sem amostras de plantas ou de solo.

Estas amostras digeridas (planta ou solo) foram submetidas à quantificação de Al e de outros nutrientes do solo por ICPOES.

RESULTADOS E DISCUSSÃO

1.AlABSORBEDBYPEDILANTHUSVARIETIES

Em ambas as variedades de Pedilanthus, verificou-se que a quantidade de Al absorvida aumentou significativamente da 1ª para a 2ª concentração e depois diminuiu na 3ª concentração, seguida de um aumento da 3ª para a 5ª concentração, como se mostra no Quadro-1 e na Figura-1.

Este facto mostra a capacidade de acumulação de Al de ambas as variedades de Pedilanthus. Os dados da ANOVA indicam que ambas as variedades são igualmente eficazes na acumulação de Al Quadro-2, no entanto, a capacidade de acumulação entre as duas não foi estatisticamente diferente uma da outra.

Treatments	*Pedilanthus*	
	Var. A	Var. B
1	17.82±5.34	16.56±2.55
2	22.15±2.75	20.51±1.84
3	18.83±0.93	19.77±2.50
4	20.89±2.89	20.43±3.93
5	22.46±7.56	23.13±1.06

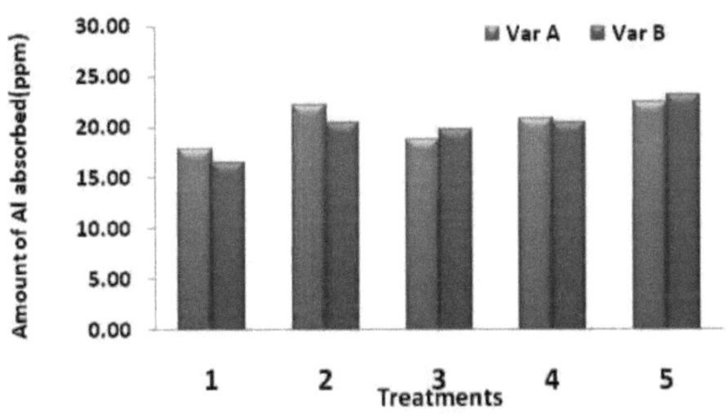

Quadro -2 Resultados da análise de variância do teor de alumínio em duas variedades de Pedilanthus

Source of variation	Degree of freedom	Sum of squares	Mean squares	Computed f	Significance
Replication	2	2.914	1.457	0.133	ns
Varieties	1	18.003	18.003	1.645	ns
Error a	2	21.884	10.942		
Concentration of Aluminium	4	60.283	15.071	1.277	ns
Error b	8	94.424	11.803		
Interaction between Varieties and concentration of Aluminium	4	32.529	8.132	0.431	ns
Error c	8	151.084	18.885		
Total	29	11972.66			

2. Al que permaneceu no solo após a fitorremediação com variedades de PEDILANTHUS

O Quadro -3 e a Figura-2 indicam que, em ambas as variedades de Pedilanthus, se registou uma diminuição significativa do teor de Al no solo de todos os grupos tratados após a fitoremediação. Isto mostra que ambas as variedades são capazes de absorver o Al do solo. Os dados da ANOVA revelam que não houve diferença significativa entre o teor de Al do solo de ambas as variedades Quadro-4.

Quadro-3 Quantidade de Al que permanece no solo após a fitoremediação com variedades de Pedilanthus

Jornal Indiano de Ciências Vegetais ISSN: 2319~3824(em linha)

Uma revista internacional online de acesso livre, disponível em http://www.cibtech.org/jps.htm

2015 Vol.4 (1) janeiro-março, pp1-4/Sujatha e Mehar

Artigo de investigação

EFEITOS TÓXICOS DO ALUMÍNIO NAS PLANTAS

Sujatha K.[1] e *Santosh Kumar Mehar[1,2]

Departamento de Botânica, Universidade Sri Venkateswara, Tirupati, Andhra Pradesh, Índia

[2]Departamento de Botânica, J.N. V. University, Jodhpur, Rajasthan, Índia

**Autor para correspondência*

Resumo

O alumínio apresenta-se sob a forma de óxidos e silicatos e é o metal mais abundante na crosta terrestre. Embora seja abundante na terra, o seu impacto nas plantas e noutros organismos não era motivo de grande preocupação. No entanto, ao longo do tempo, a sua quantidade está a aumentar de forma constante, principalmente em solos ácidos. A pH 5 ou inferior, os efeitos tóxicos do Al são mais agravados. Uma vez que mais de 50% dos solos aráveis do mundo são ácidos, a toxicidade do Al está a tornar-se um importante fator limitante a nível mundial para a produtividade das culturas. Nas plantas, o principal local de efeito tóxico do Al é a parte apical da raiz. Foi referido que a ultra-estrutura das células da capa da raiz é afetada pela toxicidade do Al. No entanto, os efeitos tóxicos são observados tanto no apoplasto como no simplasto de muitas espécies de plantas. Mesmo uma curta exposição ao Al causa uma redução do alongamento da raiz, limitando assim a aquisição de água e nutrientes do solo.

Palavras-chave: Toxicidade do alumínio, Solo ácido, Raiz apical, Symplasma

Introdução

Na tabela periódica, o alumínio (Al) pertence ao grupo Illa e tem uma valência de +3. Apresenta uma elevada reatividade com o oxigénio à temperatura normal. Juntamente com esta caraterística, também reage fortemente com ácidos e bases para formar sais e libertar hidrogénio. Ocorre normalmente sob a forma de óxidos e silicatos e é o metal mais abundante na crosta terrestre. Este metal é o mais abundante na crosta terrestre, sendo naturalmente absorvido do solo pelas plantas e pelos géneros alimentícios. Sob a forma de sais, possui propriedades que o tornam um aditivo versátil e útil. O sulfato de Al é adicionado à água para melhorar a sua clareza e todos os alimentos que necessitam de agentes levedantes ou aditivos, como bolos e biscoitos, contêm Al. Os rebuçados para crianças contêm corantes alimentares enriquecidos com Al. Encontra-se no chá, no cacau e nas bebidas de malte, em alguns vinhos e bebidas gaseificadas e na maioria dos alimentos transformados. Também faz parte de cosméticos, protectores solares e antitranspirantes, e é utilizado como agente tampão em medicamentos como a aspirina e os antiácidos. É mesmo utilizado em vacinas. No entanto, ao longo do tempo, a quantidade de alumínio está a aumentar constantemente. A toxicidade do alumínio é o principal fator que limita a produção agrícola em solos fortemente ácidos. Com valores de pH do solo iguais ou inferiores a 5, as formas tóxicas de Al são solubilizadas na solução do solo e inibem o crescimento e a função das raízes, reduzindo assim o rendimento das culturas. Estima-se que mais de 50% das terras potencialmente aráveis do mundo são ácidas (Bot *et al.*, 2000); por conseguinte, a toxicidade do Al é uma limitação mundial muito importante para a produção agrícola. Além disso, cerca de 60% dos solos ácidos do mundo encontram-se em países em desenvolvimento, onde a produção de alimentos é crítica. Os efeitos tóxicos do Al nas culturas estão a tornar-se uma das principais causas de preocupação para os agricultores.

O melhoramento de culturas com maior resistência ao Al pode ser considerado uma saída, mas as bases moleculares, genéticas e fisiológicas subjacentes ainda não são bem compreendidas. Devido à importância agronómica deste problema, é muito importante compreender o mecanismo de toxicidade do Al nas plantas. A presente revisão é um breve levantamento dos estudos relacionados com os efeitos tóxicos do Al nas plantas.

Biodisponibilidade do Al

De acordo com Exley e Birchall (1992), a biodisponibilidade de uma substância é definida como uma medida do seu potencial para interagir com sistemas biológicos e também a capacidade de causar uma resposta. Devido à sua adsorção a superfícies minerais, a biodisponibilidade do Al no solo e na água é muito baixa. A um pH próximo do neutro, forma associações com a matéria orgânica e também devido à insolubilidade dos complexos de hidróxido de Al, a sua biodisponibilidade é considerada muito baixa. No entanto, devido à acidificação do solo e da água, a presença de Al está a ser reconhecida como um grande problema de poluição. Com as chuvas ácidas, o Al também é libertado dos seus reservatórios naturais (Myrold e Nason, 1992). Quando o pH da solução é próximo ou inferior a

Jornal Indiano de Ciências Vegetais ISSN: 2319~3824(em linha)

Um Acesso Aberto, Revista Internacional Online Disponível em http://www.cibtech.org/jps.htm 2015 Vol.4 (1) janeiro-março, pp1-4/Sujatha e Mehar

Artigo de investigação

5,0, a maior parte do Al existe como um hexa-hidrato octaédrico $AI(H_2 0)_6^{3+}$ (referido como Al^{3+} ou Al livre), e a pH neutro precipita como $Al(OH)_3$.

De acordo com Martin (1986), a proporção das diferentes formas de oxidação do Al é função do pH ambiental, e mesmo pequenas variações na acidez do ambiente podem causar grandes mudanças na concentração dessas espécies. Bruce *et al.,* (1988), um solo com pH ~5,8 tem 6,3pM de Al. E, quando o pH é ainda mais reduzido para 4,77, o nível de Al sobe para 700 pM. Pelo contrário, o aumento do pH para 6,22 reduz a concentração para 5 pM. Por conseguinte, a biodisponibilidade do Al é determinada não só pelas condições naturais do solo e pelas alterações do pH, mas também pelas actividades humanas que podem modificar o ambiente através de procedimentos agrícolas inadequados ou da eliminação de resíduos no ambiente.

Efeitos tóxicos do Al nas plantas

O alumínio é muito tóxico para os organismos vivos. Uma das razões para este facto é que a maioria dos organismos vive numa gama de pH de cerca de 7,0, pelo que não desenvolveram mecanismos para tolerar níveis elevados de Al. Como consequência, quando a concentração de Al aumenta em águas acidificadas, observam-se várias doenças em seres humanos, animais e plantas.

Os sintomas mais facilmente reconhecidos da toxicidade do Al nas plantas são a inibição do crescimento das raízes, que é considerada a medida mais amplamente aceite do stress do Al nas plantas. Em soluções nutritivas, mesmo a concentração micromolar de Al começa a inibir o crescimento das raízes num curto espaço de tempo (~60min). Como já foi referido, as formas de Al mudam rapidamente com a alteração do pH do solo ou da água, sendo difícil identificar a forma de Al que exerce o efeito tóxico. O Al hidrolisa-se rapidamente em solução, pelo que as espécies de Al trivalente Al^{3+} , dominam em condições ácidas (pH < 5), enquanto as espécies $Al(OH)^{2+}$ e $Al(OH)^{2+}$ são formadas à medida que o pH aumenta. Uma vez que muitos catiões trivalentes são tóxicos para as plantas e que a toxicidade do Al se restringe em grande parte a condições ácidas, acredita-se geralmente que o Al^{3+} é a principal espécie fitotóxica de Al, mas não se pode concluir com certeza. Kinraide (1991) analisou o facto de quase todas as espécies monoméricas de Al terem sido consideradas tóxicas num ou noutro estudo.

Local de toxicidade do Al nas plantas

A parte apical da raiz, que inclui a capa da raiz, o meristema e a zona de alongamento, acumula mais Al e, consequentemente, sofre maiores danos físicos do que os tecidos maduros da raiz. Ryan *et al.,* (1993) referiram que apenas os 2-3 mm apicais da raiz do milho precisavam de ser expostos ao Al quando este começava a inibir o crescimento da raiz. Além disso, o seu estudo fez uma observação interessante de que a aplicação selectiva de Al à zona de alongamento ou a toda a raiz, exceto ao ápice da raiz, não causou qualquer redução no crescimento. Noutro estudo, Bennet e Breen (1991) observaram uma série de alterações na ultra-estrutura das células da capa em raízes de milho quando o tratamento com Al foi prolongado durante 2 horas. Concluíram que, nestas situações, o Al poderia inibir o crescimento das raízes indiretamente através de uma via de resposta a sinais, que envolvia a capa radicular, hormonas e mensageiros secundários. Esta hipótese considera, assim, o envolvimento da capa da raiz na perceção dos sinais e na distribuição das hormonas. Mas também foi registado por Ryan *et al.,* (1993) que a inibição do crescimento radicular no milho era a mesma em raízes intactas e descapsuladas. Isto aponta para o importante papel desempenhado pelo meristema radicular na toxicidade do Al no milho.

É difícil provar onde é que o Al começa a exercer o seu efeito. Uma vez que os iões polivalentes (como o Al^{3+}) são insolúveis nas bicamadas lipídicas, a membrana plasmática constitui uma barreira à entrada de Al. Mesmo assim, foi observado que algum Al atravessa a membrana plasmática (provavelmente como ligando neutro de Al, ou por endocitose, ou através de proteínas ligadas à membrana, ou devido a lesões causadas por stress). Mas um relatório interessante de Tice *et al.* (1992) mostrou que metade do Al total presente no ápice da raiz estava localizado no simplasma. A absorção de Al tem sido associada à suscetibilidade de certas espécies de plantas ao Al. Verificou-se que os ápices radiculares do trigo tolerante ao Al (*Triticum aestivum*) acumulavam menos Al do que os genótipos de trigo sensíveis ao Al. Tal como referido anteriormente, a exposição ao Al durante um período curto (<60min) pode inibir o crescimento das raízes. Uma questão importante que precisa de ser respondida é a rapidez com que o Al se desloca para o simplasma e também em quantidade suficiente para causar o efeito. Esta questão foi parcialmente resolvida quando Lazof *et al.*, (1994) detectaram Al no simplasma de raízes de soja (*Glycine max*) após exposição de apenas 30 minutos. Este facto prova que o Al pode entrar antes de o crescimento da raiz ser inibido e, além disso, que o plasma sintético é o local provável da toxicidade do Al. O que precisa de ser lembrado aqui é que, após a entrada no plasma sintético, o pH predominante (6,5 a 7,5) e também

Jornal Indiano de Ciências Vegetais ISSN: 2319~3824(em linha)

An Open Access, Online International Journal Disponível em http://www. cibtech. org/jps. htm

2015 Vol.4 (1) janeiro-março, pp1-4/Sujatha e Mehar

Artigo de investigação

o grande número de ligandos potenciais manterá provavelmente uma concentração muito baixa de Al^{3+}. Por conseguinte, a uma concentração tão baixa, o Al dificilmente poderia causar danos significativos no plasma do sistema. Com esta informação como pano de fundo, foi sugerido que a causa primária da toxicidade no simplasma é a formação do complexo Al-ligante. Uma vez formada esta associação, o Al ou inibe as funções vitais anteriormente desempenhadas por esse ligando (o ligando poderia estar a ligar-se a enzimas, calmodulina, tubulina, ATP, GTP, ADN) ou o próprio complexo Al-ligando poderia agora envenenar algum processo metabólico.

Para além da entrada no plasma celular e dos efeitos tóxicos que daí advêm, o Al tem um acesso muito fácil e rápido ao apoplasto. Deste modo, a interação com a parede celular e a membrana precederá o transporte para o simplasma, e as interações aqui (no apoplasto) poderão ser possivelmente prejudiciais. No apoplasto, a associação do Al com resíduos pécticos e/ou proteínas da parede celular pode diminuir a extensibilidade da parede celular, deslocar outros iões de locais críticos da parede celular ou das membranas, ligar-se à bicamada lipídica ou a proteínas ligadas às membranas e inibir o transporte de nutrientes, ou pode perturbar o metabolismo intracelular a partir do próprio apoplasto, desencadeando vias de mensageiros secundários, como sugerido por vários trabalhadores (Haug, 1984, Taylor, 1988, Haug *et al.*, 1994).

A importância do apoplasto como local de atividade do Al é ainda comprovada por estudos de microanálise de raios X e de espetro de massa de iões secundários, que indicam que uma fração significativa de Al nas raízes está associada a locais de ligação apoplástica, predominantemente nas paredes das células da periferia da raiz (Vazquez *et al.*, 1999). Uma vez que a carga negativa líquida da parede celular determina a sua capacidade de troca catiónica (CEC). Consequentemente, determina o grau em que o Al interage com a parede celular. Tabuchi e Matsumoto (2001) referiram que as interações do Al conduzem à deslocação de outros catiões (por exemplo, Ca^{2+}) fundamentais para a estabilidade da parede celular. Como resultado, a ligação forte e rápida do Al altera as propriedades estruturais e mecânicas da parede celular, tornando-a mais rígida, o que leva a uma diminuição da extensibilidade mecânica da parede celular, necessária para a expansão normal da célula.

Kinraide *et al.*, (1998) referiram que o Al^{3+} interage muito fortemente com a superfície da membrana plasmática carregada negativamente. Uma vez que o Al tem uma afinidade mais de 500 vezes maior pela cabeça de colina da fosfatidilcolina (constituinte a-lipídico da membrana plasmática) do que outros catiões, como o Ca^{2+}, o Al^{3+} pode deslocar outros catiões que podem formar pontes entre os grupos de cabeças de fosfolípidos da bicamada da membrana. O resultado é a alteração do empacotamento dos fosfolípidos e da fluidez da membrana.

Além disso, a interação do Al com a membrana plasmática leva à triagem e neutralização das cargas na superfície da membrana plasmática. Isto pode alterar as actividades dos iões perto da superfície da membrana plasmática. Em conclusão, as interações do Al na membrana plasmática podem modificar a estrutura da membrana plasmática, bem como o ambiente iónico perto da superfície da célula; ambos podem levar a perturbações dos processos de transporte de iões, que acabam por perturbar a homeostase celular.

Outra medida da toxicidade do Al é a acumulação de calose no apoplasto, que é um sintoma precoce da toxicidade do Al (Massot *et al.*, 1999). A síntese de calose depende da presença de Ca^{2+}, pelo que se argumenta que a deslocação de Ca^{2+} pelo Al da superfície da membrana aumenta a reserva de Ca^{2+} no apoplasto, o que é necessário para estimular a síntese de calose. Sivaguru *et al.*, (2000) referiram que, sob stress de Al, a acumulação de calose agrava os danos celulares ao inibir o transporte intercelular através de ligações plasmodesmáticas.

Assim, o Al tem muitos efeitos a nível do apoplasto e do simplasto que perturbam a fisiologia normal da célula e o funcionamento da membrana e da parede celular. Estes efeitos resultam numa redução do crescimento e do desenvolvimento das plantas e, em última análise, numa redução do rendimento das culturas.

Conclusão

Com a diminuição do pH dos solos aráveis em todo o mundo, devido à utilização indiscriminada de fertilizantes, é provável que o problema da toxicidade do Al nas plantas aumente e se torne um fator limitativo importante em todo o mundo, sobretudo nos países em desenvolvimento. Uma vez que a exposição a curto prazo ao Al também está a causar alterações visíveis no meristema apical da raiz, a compreensão dos mecanismos de toxicidade do Al em diferentes espécies de plantas é importante para reduzir os sintomas de toxicidade nas plantas de importância agronómica. A solução mais fácil para este problema é reduzir o ritmo de acidificação do solo, o que pode ser feito, em parte, reduzindo a dependência de fertilizantes químicos.

Jornal Indiano de Ciências Vegetais ISSN: 2319~3824(em linha)

Uma revista internacional online de acesso livre, disponível em http://www.cibtech.org/jps.htm

2015 Vol.4 (1) janeiro-março, pp1-4/Sujatha e Mehar

Artigo de investigação

REFERÊNCIAS

Bennet R e Breen C (1991). O sinal do alumínio: novas dimensões para os mecanismos de tolerância ao alumínio. *Plant and Soil* **134** 153-166.

Bot AJ, Nachtergaele F e Young A (2000). Land resource potential and constraints at regional and country levels. *World Soil Resources Reports* 90.

Bruce R, Warrell L, Edwards D e Bell L (1988). Efeitos do alumínio e do cálcio na solução do solo de solos ácidos no alongamento das raízes de *Glycine* max cv. Forrest. *Crop and Pasture Science* **39** 319338.

Exley C e Birchall JD (1992). A toxicidade celular do alumínio. *Journal of Theoretical Biology* **159** 83-98.

Haug A e Foy CE (1984). Aspectos moleculares da toxicidade do alumínio. *Critical Reviews in Plant Sciences* **1** 345-373.

Haug A, Shi B e Vitorello V (1994). Interação do alumínio com a transdução de sinal associada aos fosfoinositídeos. *Arquivos de Toxicologia* **68** 1-7.

Kinraide TB (1991). Identidade das espécies rizotóxicas de alumínio. In: *Plant-Soil Interactions at Low pH* (Springer) 717-728.

Kinraide TB, Yermiyahu U e Rytwo G (1998). Cálculo dos potenciais eléctricos de superfície das membranas celulares das plantas em correspondência com potenciais zeta publicados de diversas fontes vegetais. *Plant Physiology* **118** 505-512.

Lazof DB, Goldsmith JG, Rufty TW e Linton RW (1994). Absorção rápida de alumínio em células de pontas de raízes de soja intactas (um estudo microanalítico utilizando espetrometria de massa de iões secundários). *Plant Physiology* **106** 1107-1114.

Martin RB (1986). A química do alumínio em relação à biologia e à medicina. *Química Clínica* **32** 1797-1806.

Massot N, Llugany M, Poschenrieder C e Barcelo J (1999). Produção de calose como indicador da toxicidade do alumínio em cultivares de feijão. *Journal of Plant Nutrition* **22** 1-10.

Myrold DD e Nason G (1992). Efeito da chuva ácida nos processos microbianos do solo. In: *Microbiologia*

Ambiental.

Ryan PR, Ditomaso JM e Kochian LV (1993). Aluminium toxicity in roots: an investigation of spatial sensitivity and the role of the root cap. *Journal of Experimental Botany* **44** 437-446.

Sivaguru M, Fujiwara T, Samaj J, Baluska F, Yang Z, Osawa H, Maeda T, Mori T, Volkmann D e Matsumoto H (2000). O 1-> 3beta-D-glucano induzido pelo alumínio inibe o tráfico de moléculas de célula para célula através dos plasmodesmas. Um novo mecanismo de toxicidade do alumínio nas plantas. *Plant Physiology* **124** 991-1006.

Tabuchi A e Matsumoto H (2001). Alterações nas propriedades da parede celular das raízes de trigo (Triticum aestivum) durante a inibição do crescimento induzida pelo alumínio. *Physiologia Plantarum* **112** 353-358.

Taylor GJ (1988). The physiology of aluminum phytotoxicity. *Iões metálicos em sistemas biológicos* **24** 123163.

Tice KR, Parker DR e DeMason DA (1992). Frações de alumínio apoplástico e simplástico operacionalmente definidas em pontas de raízes de trigo intoxicado com alumínio. *Plant Physiology* **100** 309-318.

Vazquez MD, Poschenrieder C, Corrales I e Barcelo J (1999). Mudança no alumínio apoplástico durante a resposta inicial de crescimento ao alumínio por raízes de uma variedade de milho tolerante. *Fisiologia Vegetal* **119** 435-444.

Printed by Books on Demand GmbH, Norderstedt / Germany